认知迭代

在复杂世界中
找到正确思考的逻辑

冷哲◎著

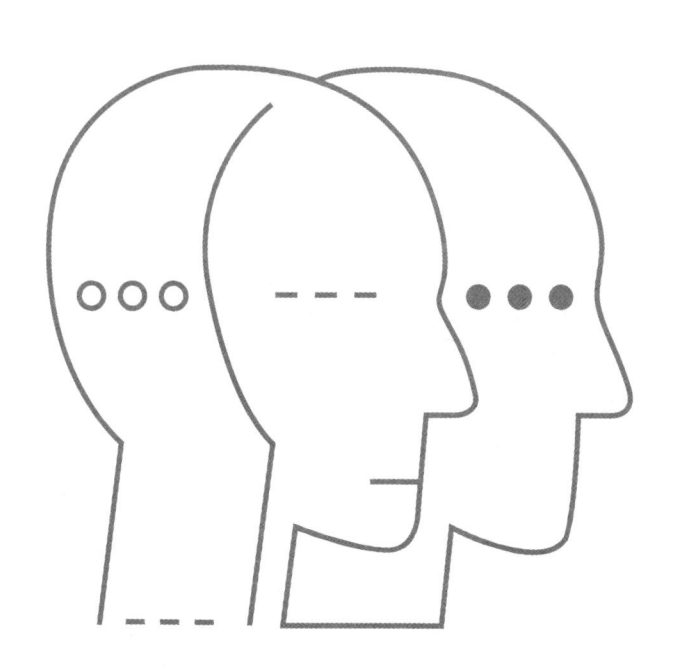

江西教育出版社

图书在版编目（CIP）数据

认知迭代：在复杂世界中找到正确思考的逻辑 / 冷哲著． -- 南昌：江西教育出版社，2019.5
　　ISBN 978-7-5705-0858-7

　　Ⅰ．①认… Ⅱ．①冷… Ⅲ．①人生哲学－通俗读物 Ⅳ．① B821-49

中国版本图书馆 CIP 数据核字（2018）第 292716 号

认知迭代：在复杂世界中找到正确思考的逻辑
RENZHI DIEDAI ZAI FUZA SHIJIE ZHONG ZHAODAO ZHENGQUE SIKAO DE LUOJI

冷哲　著

江西教育出版社出版

（南昌市抚河北路 291 号　邮编：330008）
各地新华书店经销
大厂回族自治县德诚印务有限公司印刷
880mm×1230mm　32 开本　9.5 印张　字数 200 千字
2019 年 5 月第 1 版　2019 年 5 月第 1 次印刷
ISBN 978-7-5705-0858-7
定价：45.00 元

赣教版图书如有印制质量问题，请向我社调换　电话：0791-86705984
投稿邮箱：JXJYCBS@163.com　　　　电话：0791-86705643
网址：http://www.jxeph.com

赣版权登字 -02-2019-128
版权所有·侵权必究

目录

自序　世界总是比我们想象的更为复杂

PART 1　优秀的随波逐流者

贫穷无法改变吗？	002
穷人如何突破困局？	021
优秀的随波逐流者	025
人类社会财富管道如何进化	033
"人生的成败和努力往往无关，只和关键时刻的关键选择有关"对吗？	036
精英主义的最大问题在哪里？	039

PART 2　世界可观，未来可见

大家退休以后再生孩子的时代还远吗？	050
人类进入工业化之后有多可怕？	054
四大文明古国为什么将希腊排除在外？	065
耗费巨资做当前无用科研的重大意义	069
苹果手机为什么会失去魔力	073
关于美国工人收入普遍比中国工人高的深层探讨	080
汽车工业对国家的战略意义	087

PART 3　正在改变的婚姻观与家庭观

如何选择伴侣与猴子掰苞谷问题　　096
为什么很多适龄青年都不想结婚了？　　102
为什么东方出现一夫多妻制而西方没有？　　105
新一代中国女性是否仍被自己的观念束缚？　　108
大量女性婚后回归家庭是好是坏？　　113
我不觉得相亲是一个好的找伴侣的模式　　119
青春不一定必须有爱情　　122
我是如何找老婆的　　124

PART 4　致我们的小成长

能看出问题，不代表你很厉害　　130
怎样科学地理财？　　135
怎么从不聪明到聪明　　140
如何完成一场有效、高质量的讨论？　　143
强调努力的文化更先进　　149
做人，要学会自嘲　　152
一个成熟的人的是非观　　154

PART 5　关于学习这件大事

精英教育与大众教育之争	158
如何让大学给你带来更大利益？	165
去国外留学你要先明白这三点	174
读书是否已经成为效率最低下的信息获取方式？	177
我对应届生求职与招聘的一点认知	180
请正确理解学校与自学	187

PART 6　理性的非理性

如何看待自身利益、事实和选择立场	192
焦虑和应力，内存和带宽	195
外来的年轻人，你是否需要和"北上广"死磕	200
社交网络的回声室导致"智商隔离"？	207
人无远虑，必有近忧	214
如何理解"你所谓的稳定，不过是在浪费生命"	216
请拥有一个生孩子的文化理由	220

PART 7　需求才是原动力

什么叫作完整工业体系？　　　　　　　　　　　226
生产力的发展是推动人权进步的最强动力　　　229
关于中国芯片的失败论和速胜论　　　　　　　232
突破现有格局，才是中国芯片产业的未来　　　236
从中兴通讯被美制裁想到的一些事　　　　　　242
当下年轻人创业需要注意什么　　　　　　　　247

PART 8　中国是发达国家的粉碎机

如何理解中国是发达国家的粉碎机这一说法？　254
对比中美技术导向型公司　　　　　　　　　　260
中国制造业的未来　　　　　　　　　　　　　267
只有伟大的国家才能建立伟大的基础设施体系　273
如何看待 TPP 对中国社会的影响　　　　　　　276
我对工匠精神的一点儿理解　　　　　　　　　291

自序

世界总是比我们想象的更为复杂

我们通常会本能地用自己熟悉的逻辑去理解陌生的事物。就像我们常常会用人与人之间交往的逻辑来理解国家之间的外交关系。我们会觉得，有的国家是铁哥们；有的国家看我们不顺眼，一心要把我们干掉；有的国家看起来懦弱，而有的国家就是刚烈的"战斗民族"。然而，在每一个国家的行动逻辑的背后，都有着复杂的利益考量，以及深厚的历史、地理原因，与此同时，行动逻辑还会受到意识形态的影响。

即便是一些看上去非常直观的事情，在其背后也可能有着不为我们所知的复杂的运行逻辑。就像近年来对于"工匠精神"的讨论，很多人很容易就上升到民族性之类的问题上，觉得如果中国人的民族性不发生改变，就不可能会有"工匠精神"。然而，正如我们将要在后文中讲到的那样，"工匠精神"是根植于社会经济格局之中的，其实和民族性的关系不大。

世界总是比我们想象的更为善变。

有些我们认为亘古以来天经地义的事情，可能被只有几十年历史的"新"习俗所替代。如今通常用粉色代表女性，用蓝色代表男性。其实仅仅在不到一百年以前，性别对应的颜色几乎是倒过来的。蓝色，因其代表纯洁、贞洁，而被视为女性的颜色。红色，因其代表热烈、勇猛，而被视为男性的颜色。而粉色，因为属于红色系，又没有那么浓重，则代表小男孩。

我们有的时候会把一些在我们幼年时就已经建立了的社会文化、社会规则当成一种必然，而没有看到支撑这些文化和规则的内在逻辑正在节节败退。有的人觉得照顾孩子、做家务，都是女人的事情，甚至有的人觉得女性婚后有义务放弃工作、回归家庭。这些都越来越不受欢迎。

我们还可能会把自己过去的经验不断地重新使用，甚至套用在自己的孩子身上，却没有看到时代正在发生变化。那些带有过去时代烙印的思路，可能已经不再适用。有的人拼命想要子女回到故乡干一份月收入两三千块的"稳定"工作，就算是让子女放弃外地上万的月薪都在所不惜。这些人可能耽误了子女，也耽误了自己。

这个世界，即便是我们朦胧地能够理解的部分，我们也常常搞不明白其内在的机理。

我们普遍推崇勤奋、努力。但也有人会有疑问：难道天赋不是更能影响一个人的前途吗？

我们被教育说，科学研究是必要的。但很多人会有疑问，科学研究常常是看不到应用前景的，投入到这些科研的钱是不是更应该用来扶贫？

我们反感贫富差距。但很多人会有疑问：不管怎么看，贫富差距在世界范围内都在扩大，这是不是一种必然？

这许许多多的问题，这世界的复杂与善变，勾起了我的好奇心，推动着我不断阅读、思考。

其实这里一开始讲的对国际关系的认知问题，就是引发我思考的第一个复杂的问题。当时的我，虽然意识到了这种"用人际关系的逻辑去套国际关系"的思路是错误的，但并不知道什么才是正确的。后来我阅读了《大国政治的悲剧》，算是稍微有了点了解。而这本书，只是国际关系研究领域中的一个流派。后来我又陆陆续续读了其他流派的一些东西，才算是稍微入了点门。我越是了解得多，越是对自己的无知感到震惊。我仍然记得当初我在人人网上的一个人自己写的文章下面说他在胡扯，说他对国际关系缺乏正确的理解。结果发现人家是一位知名国际关系学者。如今想到这件事，我仍然感到十分羞愧。

后来，我依着兴趣的指引，不成体系地阅读了很多经济、历史和社会领域的书籍，试图更多地理解这个世界，理解它背后的运行机理，寻求诸多问题的答案。

即便到今天，在许多年的阅读与思考之后，我也不能保证我对这些问题的认知是正确的。我仍然在学习，我的见解也在发生变化。当我回顾我数年之前的文章时，常常会发现无知或者偏激之处。这令我感到羞愧，因为我阐述过错误的观点。但同时，我也会感到欣喜，因为我毕竟已经比之前的自己有所提高，能够看出我当时的错误了。在提高认知的旅途上，这都是必经之路。

这个世界是多面的，这个世界是善变的，这个世界是复杂的。它不仅包含着逻辑、原理与公式，还包含着情感、体验与激情。在这里，我想要分享一些这些年来的阅读和思考所得，未必都正确，但至少是经过我深入思索过的，希望能够对你有用，也希望每个读者都能在这个复杂世界中找到认知它的正确逻辑。

冷哲

2018年9月18日

PART 1
优秀的随波逐流者

　　几乎没有谁不想变得更富有。穷人想要成为中产,中产想要成为富豪。而富豪呢?想要变得更富且贵。但是当你观察这些一心想要向上的人们的时候,会惊讶地发现,很多人并没有真的考虑过阶级流动背后有着什么样的本质因素,在面对自己承担不起的选择时并没有认真考虑是不是还有其他的选项。对于这些问题,我有一些自己的思考。

贫穷无法改变吗？

其实我也还是个穷人。但以前吃的亏相当多，结合一些阅读，这里就提供一点不成熟的看法吧，算是抛砖引玉。

贫穷可以被改变，但要求贫穷者比常人行动更努力、考虑更周密。

贫穷会带来竞争劣势，如果对这些劣势没有一个清醒的认识并有针对性地进行克服，那么这种竞争劣势可能就会阻断贫穷者的上升通道。

所以要谈如何脱离贫穷，首先就要谈贫穷可能（非必然）会带来什么样的竞争劣势，然后才能谈如何克服。

以下分为四点讲：心理劣势、思维劣势、资源劣势、育儿劣势。

一、心理劣势

贫穷的人相对于中产或中产以上人群，可能会有以下一种或多种心理劣势：

1. 自卑，以及自卑引起的自大

资源劣势常常会导致自卑心理，认为自己不如人。但同时又会反弹，产生一种"他们不就是有钱吗？如果我也有钱，肯定会比他们更××××"之类的想法。

2. 过分谨守规则

贫穷家庭由于父母忙碌劳累，往往不能留给孩子足够的时间，因此家庭教育上以强调服从为主。贫寒子弟初入社会时，就容易本能地服从某些规则，而缺失了对于规则本身的思考。谨小慎微原则上不是坏事，但有时候会阻碍发展。

3. 怯懦，不敢尝试未知事物

这种心理也是资源劣势导致的。成长时期家庭无法承担自己对于新事物的尝试，而导致自身请求尝试新事物屡屡被拒，容易养成对新事物漠不关心的心态。另外，因为资源劣势，很多事物都没有尝试过，所以，为了避免被别人发现自己"连这都没吃过/玩过/用过"，就不太愿意尝试新的事物。

二、思维劣势

人的思维能力是有限度的。换言之，人不可能同时深入考虑所有的事情。一旦某一件事情占据了一个人的思绪，那么这个人处理其他事务的能力将大大下降。

而贫寒子弟，最影响思维的就是金钱的短缺。金钱的短缺会让人过度关注金钱，大量思绪被占据，导致其他工作能力受到限制。而且金钱的短缺也容易让人落入过度重视沉没成本、过度重视损失等等思维陷阱，这样相对会错失一些发展良机。

三、资源劣势

说白了，穷人自然是没有钱，父母荫及的社交网络也相对简单，范围也比较小。

1. 物质劣势

资金方面的短缺，自然会导致物质方面的劣势，比如阻碍一些学习机会。

2. 人际关系劣势

物质的劣势自然会导致在拓展人际关系方面资源不足，相对不敢投入太多资源，社交活动范围缩小。因此常常导致人际关系劣势。

3. 信息劣势

人际关系不足，获取信息的能力就受到了限制。也不愿意或无法去使用一些需要花钱的信息渠道，自然会造成信息劣势，导致很多时候对发展方向、做事方法都难以了解。

四、育儿劣势

如前所述，贫穷家庭的父母往往时间紧张，难以为孩子付出足够的时间，因而导致过于强调服从的家庭文化，并不鼓励孩子按自我的兴趣发展。同时，在学校教育、课外教育、兴趣教育等方面也都存在极大的劣势。在一个不太重视平衡贫富育儿差异的国家,这些问题很容易造成"可遗传性贫困"。

无论是美国梦也好,中国梦也好,大家最普遍的梦想无非就是靠自己的辛勤努力而获得一个富足美满的生活。然而在过去这几年里面,我们能看到大学中贫困子弟越来越少,他们在事业路途上也越来越举步维艰。2011年《南方周末》刊登了一篇《穷孩子没有春天?》的文章,探讨贫寒子弟的大学苦旅。而2013年,互联网上一篇《这个时代,寒门难再出贵子》更是一石激起千层浪,时至今日仍然有人引用这篇文章探讨贫寒子弟的职场困局。

那么,到底是什么因素让一些贫困子弟无论如何努力最终常常只能凄凉梦碎?近日,哈佛大学著名的公共政策教授罗伯特·D.帕特南(Robert D. Putnam)的新书《我们的孩子:危机中的美国梦》(*Our Kids: The American Dream in Crisis*)从家庭、家教、学校、社区四个方面向我们生动阐述了其中的缘由。

1. 家庭不同:穷人生儿育女缺规划

笔者在一个军工厂长大。二十纪九十年代末,军工厂的收入很低。有两个工厂子弟谈恋爱,女方的母亲就说:"这事好是好,就是你们俩现在这工资啊,结婚以后就先别要孩子了,生下来也是耽误孩子。"

尽管当时军工厂的收入不高,但老太太的想法却非常"中产"。无论是中国还是美国,典型的中产阶级,对于生儿育女都有一定的规划。他们常常不会在自己求学或事业起步阶段产子。反而会利用各种避孕手段，保证个人发展在此阶段不受子女影响。当他们的事业走上稳定轨道后，他们才会决定开始要孩子。他们还会有比较好的财务规划，能够在孩子成长的每个阶段为其个人成长提供充足的资金。而贫困子弟，却往往并不知道过早生育意味着什么。

美国受过大学教育的人群，首次生育时间一般在30岁左右。而没有受过大学教育的人群，首次生育时间则普遍在青春期末尾或20岁出头。

由于我国计划生育政策和允许堕胎的社会大环境，贫困阶层往往不会生育过多的子女，也更少受到子女过多的压力。美国的下层人民，处境往往更糟。帕特南在书中提到美国底层没有充足的避孕手段和避孕措施，很多州还立法禁止堕胎。这导致一旦避孕失误（对于美国底层来说这很常见），家里就要多个孩子。美国非婚生子女在过去几十年飞速增长。很多贫困社区里，高中女生几乎人人怀孕。

而俗话说，"贫贱夫妻百事哀"，经济压力常常会转化为生活压力并导致离婚。

美国底层社会有很多因为非婚生子或离婚而出现的贫困单亲家庭，甚至是多子女单亲家庭。贫困的祖父母也不能给予足够的帮助。养育子女的压力沉重，使贫困者不能够接受成人教育，甚至不能够完成义务教育，更谈不上个人发展。那么，他们又如何摆脱贫困呢？

而孩子要吃饭上学，这种压力又使得贫困者不得不花更多的时间工作。这导致贫困者没办法给予孩子足够的照顾和家教。

2. 家教不同：穷人孩子已经输在起跑线上

早年有一段时间，流行一句话，叫作"不要让你的孩子输在起跑线上"。很大程度上，穷人的孩子，已经输在了起跑线上。

根据医学研究，如果孩子在婴幼儿时期得不到足够的关注和照料，大脑发育就会受到影响，未来更有可能患上精神疾病，智商发展也会受到阻碍。在青少年阶段，如果孩子与父母没有频繁、深入的交流，就更容易在家庭之外寻求认同与关爱。这大大提高了孩子早孕、吸毒、犯罪以及加入帮派的可能性。

然而，穷人最缺乏的，往往是时间。很多穷人不得不从事长时间、繁重的劳动，并没有多少时间能够照顾子女。美国贫困家庭中，母亲常常全职在家带孩子。即便如此，由于无力购买很多自动化的家用电器，也没有充足的交通手段，夫妻两人能够花在孩子身上的时间，常常还不如双职工的中产家庭。

帕特南的书中提到，美国中产父母往往非常重视"家庭晚餐"，有意识地利用这个时间进行交流。而贫困父母仅仅是为子女提供必要的物质支持，就几乎已经用尽了他们的精力，哪有时间深入交流？

正是由于这种差异，中产父母一般会鼓励孩子自由发展，然后及时给予反馈，修正其发展方向。而没精力去常常给予反馈、进行管教的贫困父母，则大多强调孩子要服从、听话。这对孩子长远发展的影响是显而易见的。

再者，富裕的家庭总能够负担起更多的课外活动，这对孩子的成长也非常重要。如果没有公共资金来开展成体系的课外活动，穷人的孩子显然会第二次输在起跑线上。更可怕的是，很多大学的录取都开始注重这些课外活动。这简直就是把大学录取的大门扇在贫寒子弟的脸上，进一步掐断了他们的上升之路。

如果家庭教育已经有这么大的差距了，那么学校教育能不能弥补一些呢？

3. 学校不同："孟母三迁"只能是有钱人的专利

在我国，那些连教具都配不齐的乡村学校，显然没办法和大城市里"武装到牙齿"的学校相比。即便是正规的县级中学，在如今纷纷崛起的超级中学面前，也是相形见绌。互联网上最为触目惊心的图片之一，是两张照片拼成的。一边是北京某超级中学，几十位学生穿着统一的校服，教室里窗明几净，每个人面前都有一台苹果公司出品的高端笔记本。而另一边，是一群灰头土脸的农村学生，坐在屋顶漏光的教室里，在破旧的桌椅上学习。这种经济投入上的差异，显然对教学质量产生了决定性的差异。

加大贫困地区的教育投入当然是绝对必要的。然而，仅仅是加大投入，提高这些地区的教育资金和教师水平就可以了吗？

在富裕的美国加州橙县，有两所公立中学：特洛伊高中和圣安娜高中。它们的规模相近，学生总数分别是2500余人和3000余人。它们的师生比例很接近，分别是1:26和1:27。它们的经费投入很接近，对每名学生的平均培养经费分别是 10326 美元和 9928 美元（2012年数据），甚至连老师的平均资历也很接近，分别是 14.9 年和 15 年。

仅从这些数据来看，这两所中学似乎不应该有太大的差异。然而，特洛伊高中在橙县排名第三，而圣安娜高中则排到了第 64 名。前者的 SAT（相当于美国高考）平均分数比后者高一半。

其实，在好学校里，学生之间往往在学业上相互竞争，绝少有违规行为。教师的大部分精力都可以放在教学上面，用心培养优秀的学生。而在差学校里，学生打架斗殴几乎是家常便饭，旷课严重（特洛伊中学旷课率为 2%，圣安娜中学为 33%），且有吸毒、涉黑行为。教师的大部分精力只能放在维持秩序，也就是管理学生上，而不是教育学生。他们甚至要花一定的精力来自我保护。在这种环境下，优秀教师无疑无法实现自己教书育人的抱负。长此以往，优秀教师纷纷离去，学校的教学质量进一步恶化。

那么学校的秩序又取决于什么？

4. 社区不同：中产感觉岁月静好，穷人被隔绝在世界之外

老祖宗有句话叫作"贫贱不能移"，现在常被穷人用来自嘲，新的解释是"贫困的人不能移民"。

这两年一个舶来的名词"学区房"在中国越来越流行。中产或富裕阶层，在好学区买房子，让孩子进入好学校。而穷人显然没有这种条件。"孟母三迁"的故事，在如今只能是有钱人的专利。

进一步讲，中产或富裕阶层可以搬家到治安良好的地方，而穷人

则搬不了。如果像美国那样，社区内的治安和教育经费基本都来自社区居民缴纳的税款，那么随着这些中高收入人群的搬离，社区的学校水平和治安水平又会进入一个恶性循环。如此恶化的社区秩序，最终会将本地学校的秩序引向深渊。

同时，这种城内移民趋势，使得各个收入阶层相互隔离。过去富人穷人都住在同一个社区，相互交流、相互帮助。这种信息和关系的网络，使得穷人更有希望脱离贫困。然而，如今的阶层隔离，使得穷人无法与其他阶层进行信息交流，更不可能得到任何的提携或引导。

具有讽刺意义的是，这些年来各种各样关于子女教育的研究，可能反而加大了贫富差距。这是因为只有中产或富裕阶层才有足够的闲暇和途径接触这些最新研究成果。穷人，尽管更需要这些信息，却被隔绝在那个世界之外。

而这种隔绝，也让中产和富裕社区逐渐产生了一种岁月静好的幻觉，无法想象"脏、乱、差"的贫民窟是个什么样子。一些"中二代"或"富二代"常常会以为自己的成就完全是因为自己的努力，那些穷人都是懒汉，所以活该受穷。偏见也就滋生了。

尽管穷人的孩子的成长面临着如此多的不利条件，这也并不能证明寒门子弟为人处世、做事能力就一定不如富二代。这些理论更不能为歧视贫困者提供任何论据。寒门子弟只是因为贫困而不能达到自己本可以达到的高度，而他们的能力水平与其他人相比是高是低，并不由此决定。

真正值得我们重视的是，这些因素不但大大降低了贫寒子弟致富的可能性，更是在拉低我们整个社会的才智水平，压制整个社会的健康发展。如何解决这个问题？帕特南的书也许是一个很好的思考起点。

那么穷人该如何克服这些困难呢？

第一，也是最基本的，为自己做一个显著的定义。

克服所有其他的问题，首先就要坦然接受这些问题的存在（如果它们确实存在）。这就涉及一个对于自我的接受问题。

我们常常会听说这样的故事：

A 出身贫困，其母穿得破破烂烂到学校来看 A，A 却不愿意见，甚至不愿意向同学承认这是自己的母亲。

B 出身贫困，却拼命要在吃穿用度方面和家庭收入高的同学看齐，甚至不惜为此偷窃。

C 出身贫困，看到朋友吃好的用好的，自己却出不起钱，于是产生自卑，不愿与朋友接触，逐渐疏远了朋友。

对于绝大多数人来说，虽然并没有仔细思考过"我是谁"这个问题，但无时无刻不在受这个问题的困扰。

我们需要一些东西来使得自己与其他人区别开来，从而能产生一个关于自我的定义。

你是谁？在国外，你是中国人；在中国，你是河北人或广东人或其他省的人；在自己的省份，你是某个市的人；在更穷的人之中，你是比较富有的人；在更富的人之中，你是穷人；在一堆文盲之中，你是文化人。

一个人总是用自己与他人的不同来建立一个关于自己的定义，但并不是每个定义都是令人骄傲或者开心的。有的时候，人会想尽办法获得一种定义，有时候又会想尽办法避免某种定义。

如果一个三十多岁的人第一次被请到西餐厅吃饭，环顾四周，都是西餐厅的常客，但自己并不知道到底该哪只手拿刀，哪只手拿叉。这时候有人问你："怎么？你不知道该怎么吃西餐吗？"

我来考一下你，这时候最得当的做法是——

A. 小心地观察周边的人是怎么吃的，然后尽力模仿。

B. 回忆看过的欧美剧目里面人们是怎么做的，然后尽力模仿。

很显然这都是错的。正确的做法是，坦然说道："我这是第一次到西餐厅吃饭，得要请教一下，西餐是怎么吃的。"

试图掩盖自己没有吃过西餐，无非是避免一个"没有吃过西餐的土包子"的定义而已。如果你拥有一个对于自己的完整定义，这样一个有关西餐的定义其实是无关紧要的。这些小问题，其实真的没人在乎。很多人自己对这种事很在乎，无非是因为自己缺少一个对自己的完整定义。

你可以是"没吃过西餐的土包子""没钱买 LV 的土鳖""住在地下室的上班族""父母一贫如洗的苦孩子"，但如果你有以下任何一个定义，前面这些定义立刻就变得没有意义了："成绩不错的小说家""手艺很好的厨子""跑完马拉松全程的猛人"……

越是缺乏显著定义的人，越是寻求用奢侈品、奇装异服、特殊的发型等来定义自己。越是缺乏定义的人，越是在乎自己是不是能够和周围人在某一无关紧要的事物上保持同样甚至更高的水平。

如果你是穷人，要记住，穷，并不是一个多么显著的定义。如果你觉得自己穷而在别人面前抬不起头，这只能说明你还没有做出多少成绩，没有独特而实用的技能，没有一个能够让你异于他人的正面的显著的定义。这世界上有很多种不需要花多少钱就能获得的技能，网络上有无数的教程、指引。只要肯花时间，你一定能发展出一个实用而出众的技能，这个技能会成为你一开始可以借重的个性，会成为你前几个能够压倒那一切无关紧要的定义的工具。

穷人，容易自卑，为自己做一个显著的定义吧，能够有效地压倒任何带来自卑心理的那些无足轻重的定义。

第二，时刻留意"隐形的知识"，时刻注意寻找方法并及时总结。

穷人最大的优势之一，在于专注。这是因为在长久的贫困生活中，很多穷人已经不得不为抗拒诸多无法触及的诱惑而锻炼强劲的自制力。很多穷困出身的成功人士，往往能够长时间专注工作，不懈地努力。

但很多穷人会陷入一个错误的思维模式，那就是"只要努力就能出头"。事实证明，只是埋头努力，是不够的。

最重要的是，穷人要先找对方向。穷人没有资源，因而犯错的余地更小。因此在挑选努力方向时，一定要细心准备。多问、多听、多查，多想想"是不是换个方式更好"。

世界上有四种知识：我知道我知道，我知道我不知道，我不知道我知道，我不知道我不知道。

我知道我知道的知识，是已经掌握的。

我知道我不知道的知识，是知道存在，但尚未掌握的。

我不知道我知道的知识，是我掌握了，但由于没有碰到过某个使用场景，因而不知道自己能运用。

我不知道我不知道的知识，是我甚至不知道存在的知识。

最后这种知识，我称之为"隐形的知识"。前三种知识，都不妨碍我们解决问题，我们听说过却没掌握的知识，我们可以在需要的时候快速学习。但如果我们甚至都不知道这种知识的存在，那么也就不可能去主动学习了。因此，这才是限制一个人的发展最大的部分。

这种隐形的知识，很多都会通过家庭教育转变为听说过的知识。但是穷人的家庭教育有限，很多时候并不了解这些隐形的知识。

比方说，没有坐过多少私家车的人，往往就不知道坐别人开的车有挑选座位的礼仪。很多人，遇到一个人开车来接，常常一上车就坐到后排右座去了，正确的做法是坐到副驾驶座上，以示相伴。他们甚至不知道还有这种礼仪存在。

当然，这并不是什么大问题。

但有时候，这种问题是致命的。明明有机会跳到一个就业前景更好的专业，却因为一根筋、不及早考察就业前景而忽略了转专业的机会；明明可以有机会培养更具价值的技能，却因为不了解相关的信息和渠道而错过了。这对一个人的发展有着很大的影响。

多听，多看，多阅读，多和不同领域的人吃饭聊天，杜绝不懂装懂，能够极大地扩展自己的视野，获得隐形的知识。更要在风险不大、代价不高的情况下不断尝试新事物。

更进一步地，做事要频繁总结方法，随时根据自己的工作状态为复杂任务寻找效率更高的替代解决方案。出了问题，先从自己这里找原因，寻找能够把事情做得更好、把意外情况的概率降到更低的方法。

第三，计划，计划，还是计划。

穷人的金钱和时间资源是非常有限的，而对这些有限的资源的分配会极大地占用一个人的思绪。这种情况会导致一个人处理其他问题的能力下降、做事心不在焉。

解决这一问题的唯一方法就是勤做计划。这包括财务计划、时间计划等。同时，如前所述，也要寻找做计划的方法，不断调整、不断优化。

只有计划做得好，才能让自己平时做事更心无旁骛，让能力不断提高、效率不断提高。

回到前面那个吃西餐的例子。最好的方法真的是当场问别人怎么吃西餐吗？未必。如果你是工作需要或者已经预知要吃西餐了，为什么不赶紧上网查查呢？或者，如果场合真的比较重要，为什么不自己掏钱先吃一顿呢？计划和提前准备，是绝对必要的，尤其是在资源紧张的情况下。

但这里需要注意的是，做计划的核心目的不是制定一个死板追随的方案，而是通过为一项事务做计划来充分理解它的难度、周期以及所需要的资源，然后提前进行准备。就算计划本身在很多时候是没办法得到完美执行的，做计划的过程仍然必不可少。

第四，小钱不要省 / 赚，大事要谨慎。

穷人容易对沉没成本过分重视，而忽略了机会成本。

什么是沉没成本？可以看作是已经花出去的钱和时间。经济学上面讲，沉没成本不应该影响决策。

举个简单的例子。有个人买了网球课，结果上了两节课关节受伤，一运动就痛。但是他心想，既然花了网球课的钱，怎么能不去上呢？于是就忍着疼痛去上课，越上越痛，最后不得不去医院花钱检查和治疗，损失了更多的钱。

我们还听说过这样的事情，一个老太太看到过期的食品不舍得扔，吃掉了，然后被送去医院洗胃，花了一大笔钱。

不要因为"既然已经花了这么多钱 / 精力"就一定执着于一件事情。是否放弃，这应该取决于未来的损益，而不是过去的付出。如果损失已成定局，就不要再继续了。

机会成本简单地说就是你有好几个选项，你只能选其中一个，那么你放弃的选项中的收益最高的那一项的收益就要视为你做出当前选择所付出的一种成本。

比方说，A 选项赚 10 块，B 选项赚 20 块，C 选项赚 15 块。你选择了 C，也就是说放弃了 A 和 B，那么机会成本就是 A 和 B 中收益最大的那个，也就是 20 块（B 选项）。

机会成本提醒你注意，你为自己的一个选择放弃了什么。我们不要总是盯着某一种选项带来的收益，而是要纵观全局。

很多人在上大学的时候急匆匆想要赚点钱，花费了大量时间在诸如发放传单之类的低效劳动上面，这就放弃了用这一块时间来进行学习、锻炼，或为获得更好的实习岗位掌握必要技能的选项。考虑机会成本的话，这里的收益是负的。

还有一些其他的小钱，真的不能省。比如说前几年在美国出交通事故的一对骑行的中国夫妇，没有买几百块钱的旅游保险，结果在美国出了车祸，被送往医院治疗，欠下几百万的医药费。如果当时买了几百块钱的旅游保险，也不至于欠一屁股债。这就是典型的省小钱吃大亏。

小钱不要太在乎，该花就花；要建立的人脉，该请客吃饭就请客吃饭。做好财务规划即可，钱可以从别处省出来或者以更高的效率赚到。

在重大问题上则要非常谨慎，因为机会成本非常高，既不能做出一个差劲的选择，也不能容许这些大事出现任何的问题。这时候宁可多花钱、多花时间，也要收集详细信息，尽可能提高收益以及成功的概率。社会上总有一部分人，小钱省得要死，大事却草率决定，这就是不智。

另外，人稍微有些发展以后，就会有很多的发展方向，有时候眼花缭乱，导致精力分散，结果没有一件事情干得好。这就需要通盘考虑机会成本，把精力放在长远来看最有效率的事务上面。

第五，合理表现自己。

穷人一般还是要给别人打工。打工的时候不能埋头苦干，期盼有个伯乐能看到你，要合理地表现自己。老板不是神人，不能全知全能。有功劳、有能力你不表现，老板很难知道，出了漏子你不解释，老板容易误解。

额外付出了，要不着痕迹地显露出来。得到了异于寻常的成绩，要有礼有节地向上级"炫耀"。

前两天有个人提问说，出了漏子，并不全是自己的问题，这时候究竟是该推卸责任还是应该承认错误。

从老板的角度，老板最希望什么？是推卸责任还是承认错误？都不是，是不出漏子。

那好，现在出了漏子，老板最希望什么？是推卸责任还是承认错误？都不是，是如何擦屁股，更是如何保证再也不出这种漏子。

"都是供货商的错"——"那我雇你是干什么用的？"

"都是我的错。"——"那我干脆辞了你换个人吧？"

就我不多的阅历来看，正确的回答是："我这边出了漏子，主要是供货商那边出现了 A、B、C 这些情况，我犯了 D、E、F 这些错误。目前善后计划是 G、H、I，为了预防以后再出类似的问题，我的方案是 J、K、L。详细情况我接下来会通过邮件发给您。"

第六，搞清人际关系的重点。

人际关系的关键，不是一起吃喝玩乐，而是利益交换。

穷人资源有限，利益交换能力不强。要想拓展自己的交际圈，必须要有一些拿手的、别人也会用到的技能和知识。有了这些再来拓展人际关系。除了发小、同学、战友之类，一般的人之间必须有大量或大或小的利益交换（从帮忙搬家到商业买卖）才能形成一定的友谊。

但这并不是说没有利益交换的泛泛之交完全没有意义。相反，泛泛之交的意义很大，只不过形式并不相同。

现在的社会越来越强调情商。情商其实就是对于自己和别人的情绪的控制能力。控制自己的情绪需要大量的锻炼，以及寻找合适的方法。但要控制别人的情绪，就需要能够从别人的立场看问题。那么，一个没有这方面的天赋的人，如何才能从别人的立场看问题呢？吃吃饭、唠唠嗑好了，聊一聊对方对各种问题的看法，以及这种看法的来由，很多问题自然就懂了。

再者，现在在社会上发展有赖于所谓"弱联系"，说白了就是从与自己背景迥异的朋友那里获得信息、交换资源。这也是泛泛之交才有可能的。

此外，泛泛之交也有一些娱乐意义。想打牌的时候找不到足够的人，也是挺尴尬的事情。

最后，阶层的上升有可能要花费几代人的时间。

从一个贫困农民家庭出身，能够一代人就跃居城市高收入者的概率,并不见得很高。但是很有可能的是,一代人可以达到城市蓝领,然后再一代人成为白领,第三代人步入高收入阶层。

所以不要只顾自己奋斗,对孩子的时间和资金投入是非常重要的,而且也是非常讲究方法的。

穷人如何突破困局？

前面一篇文章虽然对贫穷这个话题有了比较深入的探讨，但我还是想在这篇文章中补充几点。

穷人大幅度改变所处阶层的机会并不多，但成功率最高的路径也十分明确：上大学，然后在城里找份好工作，不断奋斗。无数人就是通过这条路进入了中产。但是为什么穷人还是难以改变命运呢？很多时候是因为穷人在发展的路途上掉进了某个大坑。

这些大坑包括：夫妻、孩子或者父母中任何一人患上重病，或遭遇了导致残疾、丧失劳动能力的意外；把大部分家底投入到某一高风险领域并全数损失掉，遭遇意外情况而背上重债等。

穷人的发展，一方面是走对路，另一方面就是避免掉坑。

中产出身的人，就算栽了个坑，父母经济状况通常也不差，也能伸手救一下，不至于沦落到太惨的境地。但是穷人出身的人，是经不起失败的。一旦栽坑，根本没人能救你。常常是家庭破碎，父母孩子遭殃，乃至发生自杀等悲剧。

所以，千万千万要避免掉进任何一个大坑。

显然，问题在于怎么避免。

第一，远离所有投机行为。有没有通过投机行为富起来的穷人？当然有，案例有很多。但不要对你自己的运气抱有过高的期望。每个通过投机富起来的穷人的脚下都有成千上万倾家荡产的穷人。穷人升级为中产的策略是求稳，而不是冒险，因为穷人承受不起巨额投资的失败。

第二，买好保险。因病返贫是每天都在发生的惨剧。给自己和孩子买好重疾险、医疗险，给夫妻两人买好人寿险。这些保险如果父母能买的话，也买一买。不怕一万，只怕万一。这些钱可以有效避免因病返贫，还可以在意外事故丧失劳动能力时保证家庭经济安全。家庭保险开支，最高可以达到家庭收入的10%，一般建议在3%～5%。虽然储蓄型保险看起来很诱人，但意义不大。消费型保险就挺好。这是个降低经济风险的措施，不是一个投资手段。这个要切记。

第三，主要投资都采用保本投资的方式。保本投资收益率比较低，但是起码不会因为一次市场的偶然波动或者经济危机而导致一贫如洗。高收益投资只有中产出身或更富有的人群才玩得起。如果一种投资可能会损失掉本金，那么穷人出身的人最好不要投入，即便投入，也只将对自己无关紧要的资金投入进去，而且要做好全部损失掉的心理准备。

第四，消费不要跟风。这有两重含义，一个是要抗拒消费主义的诱惑，不要试图用消费来定义自己或者来定义自己所处的阶层。第二则是相对隐晦的。周围人的孩子都去美国参加一个夏令营，这个夏令营一定对孩子的成长有巨大的帮助，对吗？这可未必。当周围人为某一项活动挥金如土的时候，穷人出身的家庭要保持冷静，要深入地分析这项消费的实际价值，要去考量是不是把资金投入到别的方向会更有效率。穷人出身的家庭资金更少，需要更多的余裕现金来确保经济安全。消费跟风会导致自己活得很累，经济安全也受到影响。

另外还是要说一句，穷人子女要注意选择婚育的时间点。

穷人子女，尤其是家族第一代大学生在城市定居之后，特别容易犯下的错误就是结婚生子的时间没有经过专门的考量。经常是在就业单位、地点、岗位有很高变动频率的事业高速上升期结婚生子。原则上，碰见了对的人，赶紧结婚当然是王道。如果只是凑合，只是受到了父母的催婚压力，就不建议在这个阶段结婚。因为一旦结婚，你的工作地点、工作时间、岗位等都会开始受到额外的限制，个人发展也就有可能会受限。

此外，如果不是即将脱离育龄，并不建议在这个阶段生孩子。因为生养孩子会带来巨大的时间压力和经济压力，对个人发展以及经济安全产生不利影响。而且，事业早期收入都不高，生孩子带来的经济压力加大和劳动时间减少，有可能会让家庭经济状况急剧恶化。如果不是受到年龄的限制，一般建议在事业进入平稳期、有了一定的积蓄之后再生孩子。

穷人在这个方面是容不得走太多弯路的。如果刚毕业就在父母的催婚、催生压力下草率地结婚生子，那么整个事业发展就会受到严重的影响，对家庭经济状况也不利，经济状况如果比较差，也会影响到家庭和睦。

穷人之所以难以改变命运，有一部分原因是因为穷人抵抗风险的能力很低，资金很少，既无法进行高风险高回报的投资，也经受不起任何经济风险。本来看起来一帆风顺，忽然来一个大浪，就被拍到水里了。采用保守的经济策略，预先防范经济风险，是穷人突破困局的必备辅助方针。主要方针还是走"上大学—选对专业—找好工作—努力奋斗—注意看其他机会"这条经典道路。对于已经在经典道路上开了个好头的贫寒子弟，我觉得只要注意前者，还是很有希望突破困局的。尽管这条路很难，需要付出巨大的努力，但其他的道路恐怕成功概率就更低了。

优秀的随波逐流者

近两年这一波"阶级固化"的讨论，基本上都是源自中产阶层在对自己下一代的焦虑。

全国范围内的阶级固化是存在的，而且形势很严峻。比方说留守儿童营养不良、教育不良导致的智商发育滞后是不是会产生阶层流动性停滞的后果，这已经引发了学者的关注。但底层能不能上升到中产，并不是本文讨论的重点。大部分这一波谈论阶级固化的人，都是城市里的中产阶层，他们是掌握着网络社区话语权的群体，他们谈论的也是他们自己的问题。他们焦虑的，并不是底层能不能提升到中产，而是自己以及自己的后代能不能变成富裕阶层。

所以，"为什么会产生阶级固化"与"为什么最近突然特别流行阶级固化这个话题"是完全不同的问题。阶级固化一直存在，原因也早就有人研究过了。但这一波关于阶级固化的讨论及其背后的焦虑，则是一个新的现象。

20年前的时候，我国几乎不存在什么中产阶级。绝大多数人，以今天的标准来看，都很贫困。二十世纪八九十年代市场化的进程打开了巨大的机会之门，各种各样的人，都从贫困的处境中跳了出来。那个时代的人，显然不会相信什么阶级固化。

如今能看到的那些收入颇高的程序员、工程师、教授、设计师、经理、总裁，其父母多半是农民或者工人。他们的父母多半收入很低。总有很多同龄人被他们远远抛在了后面。

在这种阶层的跃迁中，虽然个人的才智和努力非常重要，但更重要的是整个经济的潮流。大部分人的阶层流动，并不是通过把别人从更高阶层上挤下来而完成的。他们的阶层流动，是因为整个社会都在上升，而他们恰好占据了这场上升潮流中的优势位置。

只有很少的一批人（可能不超过10%），是真的从一开始就有很强的目标感，孜孜不倦地努力和准备，最终实现收入/财富的跳跃式发展。其他实现向上的阶级流动的人只是另一种随波逐流罢了。在该上大学的时候上大学，毕业了找一份理所当然的工作。然后努力工作，不必多想。只要是专业恰好是当时产业发展所需，或是进了一家不错的机构，后续与自己父母的阶层/生活水平拉开差距是理所当然的。

这些人的聪明才智以及所付出的努力当然值得尊敬——毕竟他们大部分幼时的同伴可能如今都比不上他们了。但他们的阶层流动常常并不是他们比别人做决策做得更加正确，而只是因为他们的才智与努力把他们放在时代潮流中正确的地方。我们不妨把他们称为"优秀的随波逐流者"。

然后，历史就发展到了今天。

随着经济发展速度放缓，承载着优秀的随波逐流者的波涛逐渐平息了，他们发现自己不能再高歌猛进了。而后来者还在源源不断地到来。对于优秀的随波逐流者来说，即便此生止步于此，也不是什么大的问题。因为，毕竟自己已经达到了父母未曾企及的高度。

但是当他们去思考子女的未来之时，他们忽然会发现，自己的子女可能不能再像自己当年那样顺利了。

他们一般都会认为自己是成功的，因而会从自己的过去汲取成功经验，并把这种经验运用在子女身上。

一个典型的"优秀的随波逐流者"会总结出什么经验呢？

他们一般受到过良好的大学教育，读了一个不算冷门的专业，在大城市生活，在进入了一家良好的公司/机构，从而实现了阶层的跃迁。

所以，当他们教导自己的子女的时候，一定会想尽办法让他们去更好的大学，读更热门的专业，去更大的城市生活，进入更好的公司。

为了进入更好的大学这个目标，他们的孩子一定要进入更好的中学。以此类推，就要进入更好的小学，更好的幼儿园，要去商场里的婴儿游泳馆游泳，要去玩乐高、玩小赛车，参加各种早教班和体育训练。

当年癫狂的"不要让孩子输在起跑线上"，如今虽然变得更加多元化，但烈度其实比以往更甚。

"优秀的随波逐流者"们发现，虽然自己已经实现了阶层的跃迁，但是要让下一代继续向上走，他们却要使出浑身力气，咬紧牙关提供包括学区房在内的各种价格高昂的便利条件。很多人因为财力有限，不得不陷入了不那么理想的境地。他们当然会觉得，下一代阶级跃迁的梦想，已然难再实现了。

但就算是能够提供所有的这些条件，又能如何呢？父母是小学文化，自己上了二本，想方设法让孩子上了一本？找一家好公司工作，拥有高收入，然后再买学区房送小孩去一流小学、一流中学、一流大学吗？然后呢？孙子一代就算能上清华北大，难道就算得上阶层改变了吗？

这让人想起了"放羊—娶媳妇—生孩子—让孩子放羊"的故事。那些勉强能负担得起所有期望的便利条件的"优秀的随波逐流者"逐渐认识到，就这种循环，最终只能带来下一代有限的收入改善，而且还很可能要以大幅度降低自身生活水平为代价。很多收入不错的夫妇，就此放弃生养小孩。

平心而论，这条路并不差。只要在家庭文化和教育投入上下够了功夫，一个低起点的家庭总可以逐步走到中产上层。在很多国家，这就是广为流传的摆脱贫困的人人皆知的秘密。

但那些已经到达中产的家庭显然不会满足于这种结果。他们当然会哀叹阶级固化。这个阶级固化,实际上并不是说社会真的已经板结得很厉害了(当然中国内部阶层流动性下降已经是一个值得警惕的问题,但那和我们现在讨论的问题不一样),而是说他们根本想不出该如何让自己的下一代真的实现阶层跃迁,只是维持原有的阶层就已经要用尽全力了。自己成功经验的总结,最终只能成为成本越来越高的"放羊—娶媳妇—生孩子—放羊"的荒诞循环。

那么问题到底出在哪里?

问题就出在,大部分"优秀的随波逐流者"都真的只是在随波逐流而已。很多这样的人恐怕并不这样认为。他们会觉得,自己为下一代选择的路途、准备的条件,都是经过深思熟虑、利益取舍之后才选定的。

二十世纪九十年代那些让孩子子承父业进工厂的东北国企工人,恐怕大多也是这样认为的吧。收入不错,又稳定,地位高,不是很好吗?

大部分"优秀的随波逐流者"从来没有真的努力跨出自己舒适的领域去看一看其他领域的情况,从来没有花费巨大的精力试图搞明白一个并非随波逐流地实现了阶层跃迁的人是如何做到的。他们当然想要变得富裕,但却缺乏目标感,对于"如何实现富裕"或"如何让下一代实现富裕"往往缺乏深思熟虑。做一些非常重大的决定时,往往满足于用一些道听途说的信息作为决策依据,而没有花多少精力去仔细搜集和辨别可靠的信息。他们将自己的子女推向自己熟悉的道路，并觉得走这条道路一定能让子女拥有超越他人的优势。

这些人往往在具体的战术上花费了大量的精力和金钱，比如怎样攒钱买下心仪的学区房，陪小孩到处上兴趣班，但却对最关键的战略问题毫不关心。他们往往以为，只要自己努力，为孩子赚取了充足的资金能让孩子得到最好的成长条件或者自由的选择权，就万事大吉了。这就像很多人说的那样，以战术的勤奋掩盖了战略的懒惰。

如果以这样成套路的方式就能在大概率上实现阶级跃迁，那这世界上也就没有阶级固化一说了。

已经有无数人从贫穷走向了中产，也有无数人以中产出身保住了中产地位，所以走向中产之路是十分明确的：从良好的教育走向良好的工作。如果从科举时代算起，已经是上千年的可行策略了，以至于这个策略都固化在了中国大部分家庭的文化之中。

但要从中产再向上，是没有一定的道路可走的。可行的路途都因时、因势而异。寻找一条长期有效的或是普适的从中产走向富豪的路径，显然是徒劳的。每一条路都是特殊的。

不可否认有一些人误打误撞就实现了阶层的跃迁。但那毕竟是极少数中的极少数。要实现中产向上的跃迁，往往必须洞悉时代和趋势之中蕴含的机会，具备极强的目标感，在正确的方向上积累五年、十年乃至更长时间，甚至还需要不少运气。

更何况，经济阶层越高，再向上移动就越难，向下移动就越容易。

时过境迁，以自己发展的经验循规蹈矩地指导下一代，有可能连原本的位置都很难保住。

更进一步，如果指望通过诸如"×分钟内学会受用终身的××"之类知识付费的途径学会什么"走向财富自由之路"，那我只能说，可能这花出去的钱只会让你离财富自由更远。分析发展大势、寻找机会、进行积累，这都是非常私人的事情。一条路在真正走通之前，没有几个人会绝对相信能走通，很多时候甚至是连整体方案都没有，只能是一边走一边找，哪有人能教给你方法呢？尤其是他们自己还并不是通过这种方式走向财富自由的（基本上这类人是通过教别人"如何走向财富自由"从而使自己财富自由）。就算是这个人把这条路走通了，很可能这条路也就从此堵上了。

所以，结论并不光明。一个人要从中产向上走，就要做自己的分析、找自己的路，做自己的积累、冒自己的险。父母要想提高子女实现阶层跃迁的概率，除了在金钱上必要的积累之外，更要见识广博、思虑深远，在家庭文化上要慎重考量。只有如此才能辅助子女在幼年时期完成好的习惯的培养，在正确的方向上有所积累。每一条路都是特殊的，阶层阶跃的路，毕竟要他们自己找出来。

那么回到问题本身。为什么最近突然特别流行阶层固化这个话题？因为"优秀的随波逐流者"们才刚刚发现"养羊循环"的艰辛和荒谬，陷入了对于路径的焦虑。

至于有人抨击说我这是新版本的"你穷是因为你不努力"。单靠努力显然不可能从中产走向富裕。以钱生钱的阶层从古至今都是社会中的少数。不通过更多人的劳作，钱怎么可能生钱？从中产到富裕，亦即从卖时间到卖钱的使用权，是一个质变的过程，比从贫困到中产的距离大得多。这其中的核心问题从来都不是努力。如果看完这篇文章，就产生了个"你没富裕是因为你不够努力"的印象，那就真的是白看了。

人类社会财富管道如何进化

人类有这样一种本能,那就是让子女过得更好。

这种本能产生了人类最古老的一种基本制度,叫作世袭制。

世袭制使得子女能够继承父母的财产、地位甚至官职。

世袭制的结果,就是堵塞了社会流动的管道。这个管道一旦堵塞,就会产生出大量的社会矛盾。

第一,有人说,如果穷人收入高十倍,富人收入高了百倍,虽然贫富差距变大了,但是穷人生活变好了,那样的话就不会有社会问题了。然而这只是一种理想情况,是无法维持的。

当社会阶层固化,世袭罔替的时候,执掌政府的,不是某种能够精确制订全体人民财富增长的神人,而是几乎完全与下层社会隔绝的世袭领导层。其结果,不是穷人收入提高十倍、富人提高百倍,而是富人提高百倍、穷人不变，甚至可能是富人提高百倍、穷人降低。每一个富人总想获得更多的财富，而在此过程中产生的对整个体系的伤害则是所有富人一同承担。在这种"公地悲剧"之下，指望富人协同一致地愿意给穷人留口饭吃，是不大现实的。

更何况，至少到目前为止，尚未有任何体制能解决资本主义固有的经济危机/金融危机问题。一旦出现这类问题，贫富矛盾将迅速激化。

第二，人类进化产生的心理不支持这种格局。

包括最后通牒博弈实验在内的一系列行为经济学实验表明：

1. 在分配高度不公的情况下，分配所得较少的一方往往宁愿承受一定的损失，也要让对方承受更大的损失。

2. 人类往往宁愿放弃一定收益，也要惩罚采取不公平方案的分配者或补偿被迫接受不公平方案的一方。

3. 相较于理性人假设，人类本能地趋向于公平分配。

由这三点来看，高度分配不公的社会，将是一个不稳定的社会，容易产生颠覆力量。

第三，就民主制度而言，高度分配不公下容易爆发民粹大潮，破坏或彻底摧毁一些原则，甚至转向专制。

大肆破坏民主和法治原则的查韦斯在委内瑞拉获得并维持了统治地位，这并不是偶然。委内瑞拉长期的严峻贫富分化，导致民众根本没有从民主制度内获得显著收益。于是一个能够以铁腕带来民众收益的领导人，自然能得到民众的欢心。就算他破坏了民主，占人口大多数的民众也不在乎——毕竟原来的民主就没给他们带来什么好处。

再者，父母的优秀并不见得会让子女也出类拔萃。尽管现在有教育的因素在，但这个道理并不会变化。

此外，人类社会分为了很多国家，国与国之间也有激烈的竞争。一个彻底世袭化的国家（比如通过精英垄断的基因修正术和纯以门第录取的精英教育），显然无法竞争得过同等生产力水平的非世袭化国家（比如普及基因修正术和高水平的公立教育），因为后者各阶层的竞争压力更大，一则更容易激发潜能，二则更容易把高水平的人放在高水平的位置上。

而竞争落后者也会更倾向于改革社会制度。这种国与国之间的竞争，同样会造成去世袭化的压力。

因此，尽管人类拥有世袭化的本能，但人类的本能中又存在反世袭化的要素。只不过世袭化往往每个个体都能做，而反世袭化却要求集体行动。

其结果，就是人类社会的体制在世袭化——去世袭化——再世袭化之中循环（详见弗朗西斯·福山的《政治秩序与政治衰败》）。当世袭化的问题极度严峻时，往往有一场社会变革破坏世袭化体制。但在此之后，社会精英又会逐渐适应新的体制，在其中重新建立世袭化的格局，然后这种格局又会诱发下一轮去世袭化的剧变。

"人生的成败和努力往往无关,只和关键时刻的关键选择有关"对吗?

"人生的成败和努力往往无关,只和关键时刻的关键选择有关"这句话是完全错误的。简单地说,选择决定路径,路径决定你大致的前景。但是当一条路很好的时候,凭什么是你走上这条路,而不是别的什么人?决定这一点的,还是要靠努力。换言之,这个世界基本上都是双向选择的,你选择了一个选项并不顶用,还要这个选项也选择你才行。不靠努力就想轻松拿到一个心仪的选项,这是白日梦。

这个世界是复杂的,而人们总是希求简单。

很多人都希望只要明白一个简单的道理、重复做某种简单的工作,就能走向成功,这是不现实的。

最早的时候人们觉得只要努力就能出头。于是很多人埋头努力、不问前路，最后结果未必美妙。如今又有一大拨人开始宣扬"选择比努力更重要"，甚至极端到语不惊人死不休的"人生的成败和努力往往无关，只和关键时刻的关键选择有关"，这就是走到了另一个极端。

比方说吧，找配偶可能是影响一个人后半辈子的关键性选择。你认识了一个适龄、貌美、多金、性格好、事业强的单身异性，这显然是个极佳的选择。于是你做出了选择，就选他了。然后呢？你选了他，他就成你配偶了？

上大学是影响很多人一辈子的事情。你知道清华很好，你决定选择上清华。然后呢？你选了清华，你就能上清华了？

"看到一个好选项"是一回事，"拿到这个选项"是另一回事。后者需要你不懈地努力，不但是战术上的努力，还要有战略上的努力。

没有战略上的努力，你可能连这个选项都看不到，更别提选择了。没有战术上的努力，你看到了这个选项也没资格拿到这个选项。

人生高速的上升轨迹，是两方面综合的结果。你首先要在战略上很努力，才能看到好的选项；同时你要在战术上很努力，才能够得到这个选项。在这些同时满足了以后，你才谈得上在一次关键选择中的几个选项里选中那个最好的。然后在此基础上继续付出战略上和战术上的努力，继续上升。

努力，就是要脱离自己的舒适区域，强迫自己去做一些短期内让自己没那么舒服，但长期来看有好处的事情。选择，就是要注意多看前路，不要把自己绑死在既有路径上，要认真对待人生的各种机会，在各个路径中挑选出更好的那一个，让你事半功倍。这两者相辅相成。

比方说找工作。你首先要在战略上很努力，调查各个行业，找到极具发展前景的行业，然后努力找到其中一些优秀的企业。同时你要在战术上很努力，使得在校的成绩很好，项目/实习经历很好，自学掌握必要技能，从而能够通过那些公司的笔试、面试。然后你才能在择业的时候在这些公司之中选择一个最适合你发展的职位。

既不努力了解行业和公司，也不努力拿到好的成绩证明自己，寄希望于自然而然天上就掉下来几个选项，然后自己做一个"关键选择"就飞黄腾达，这是不切实际的。

脱离努力谈选择，简直就像是寄希望于买彩票来致富，完全是一种自我麻醉，对个人发展没有半点好处。

老师要求学生重视高考这一选择，不要在舒适区里随波逐流，不要在高考里随便选个选项就完了。但怎么样在高考这个选择里拿到心仪的选项呢？还不是要靠努力学习（"好好参加高考"）。

精英主义的最大问题在哪里？

这个问题很大，我尝试讲一讲，可能会有不少的疏漏。

先得说说，什么是精英主义？精英主义就是说社会主要由"精英"来进行决策。

精英是这样一群人，他们是社会中的少数，但是具有较高的"决策合法性"。注意，这里的"合法性"，也就是其决策权威受到民众尊重的程度，也可以说成是"权威的合理性"，与法律没有必然联系。

而这种尊重来源于什么呢？西方中世纪的精英，其合法性来源于血统。换言之，西方中世纪，出身高贵的人才是精英。出身高贵，理应拥有更大的决策权。

这在今天看来显然是荒谬的。凭什么一个人的父亲是国王，他就天然比一个农村子弟更有资格进行决策？

所以说白了，精英主义的最大问题在于"谁才是精英"，也就是精英资质的判定。这在今天也是一样。

很多人上来就谈"真正的精英主义""真正的精英"。

精英主义出现了问题，就号称这不是"真正的精英主义"，而这些精英也不是"真正的精英"，更号称"真正的精英"和"真正的精英主义"根本不存在这种问题。

这明显是一种"没有真正的苏格兰人"的逻辑错误。

陷入了这个误区，就不可能有效地讨论、评估现实社会出现的问题。

如果我们把精英主义和民粹主义进行对比，就可以把"决策合法性"的问题看得更清晰一些。

民粹主义不认为有一批"精英"能够超然于人民之上。任何一条决策的合法性，应该来源于民众的许可。因此，甚至有人声称"只有民众才有权利做决策。即便是错的决策，也是民众自己达成的。而少数人对多数人强加的决策，就是僭越，是不合法的"。

民粹主义在决策合法性（legitimacy）这个问题上是天然自洽的。民众受到决策影响，因此民众应该有决策权。

而精英主义则显出了自己的虚弱之处，少数人做决策，而要多数人接受。这总要有一个理由吧？

比方说，国王统治民众，其理由可以是"君权神授"。国王是上帝授权的，因此民众必须服从。这在今天来看，显然是荒谬的。

那么今天精英主义的合法性在哪里呢？在于专业性。而这也恰恰是民粹主义的虚弱之处。

现代意义上的精英主义的逻辑可以简单归结为一句话：更专业的人应该有更大的权威。

很显然，一个正常人绝对不会在不舒服的时候，在大街上随机抽12个人来组成"陪诊团"，然后让他们集体投票决定是不是该吃药或者开刀。正常人一定会找一个医生。这个医生本身越专业、经验越多、成绩越好就越受欢迎。如果一个刚从三流医学院毕业的医生和一个从一流医学院毕业、有着20年行医经验的医生有不同意见，我们常常会听从后者的诊断意见。

因此，在现实生活中，对于更专业的人，我们就愿意给予其更大的权威。这是基于一个简单的利益判断：更专业的人更可能做出正确的决策。因此由这些人来进行决策，给我们带来的收益可能更大。

民粹主义就难以保证这一点。

这种"专业性"带来的"合法性"可以视为一种"绩效合法性"，也就是如上所说，民众是因为这些人的决策能给自己带来更大的利益才尊重这些人的权威的。

所以说，现代精英主义，是一种其实大家在潜意识里非常能够接受的思路。越专业的人，理应享有越高的权威。

但是"专业性"带来的"合法性"并不十分明晰，人们时常会犯一些典型错误。

第一，一个领域的权威并不是所有领域的权威。

我们来举个简单的例子。

一个医生是不是在诊断上应该有更大的权威呢？未必。因为他可能是个牙科医生，而需要诊断的其实是心血管疾病。

在这种情况下，一个资深专业人士，未必比一个经过深入自学的人士更有决策能力。

因此，在这种情况下，前者并不比后者更"精英"，但精英主义却在这个问题上常常犯下严重错误。

因为，在一般人的概念里，"精英"的身份是固定的、不分领域的。人们总觉得应该把一个在专业领域中做出突出贡献的人放到更广泛的决策岗位上。这是完全错误的想法。

一个领域的权威，放到另一个领域，很可能就不再是权威。因此精英的身份仅限于非常狭小的专业领域，出了自己的领域，就不应该再享有决策的合法性。这一点，是很多人忽视的。一些人热衷于"爱因斯坦对于某问题的看法"，其实就是在这方面犯了错误。

第二，"向下认证"模式的漏洞。

权威身份的判定有两种形式。

最常见的是更高权威的认可。

比如说，某公司要招一个机械设计工程师。甲是机械工程本科毕业，但是没做过实际的机械设计。乙是美术学院毕业生，也没有做过机械设计。两个人都没有绩效。之所以公司会招甲而不招乙，是因为甲的专业能力得到了更高权威（某大学机械系教师）的认可，并以学位证书证明了。

博士毕业，需要得到博士导师的认可；律师资格的考取，需要经过当前资深法律学者命题考试，进行认可；美国医生要入职，不但要经过资格考试，还要入院实习，得到医院资深医师的认可。

也就是说，获得精英身份的一种途径就是由资深精英予以认可。

但是，这显然有其天然的问题。

首先，最高级的精英是没有人可以予以认可的。因为没有比他们更资深的精英了。因此，在一个领域里，"最高水平""最高权威"的认定永远不可能由这种途径产生。

其次，精英圈子始终可以控制自己的数量，使得自己身价倍增。这个现象在美国医生职业中看得很清晰。美国医生有一个协会，可以组织考试、认证新的医生，也能够有效控制医学院的数量。美国医生的从业标准极高，导致医生不足。这样医生总是可以有极其丰厚的报酬。这部分导致了医疗成本高昂。而最后付出代价的，则是整个社会。

再次，总是由老的精英判定新的精英，这导致老的精英可能会按照自己的利益而不是真正的专业能力来认证新的精英。比方说，美国常春藤盟校毕业生往往被认为比一般学校毕业生"更精英"，但实际上，成功人士可以通过资助的方式把自己水平低下的子女塞进常春藤盟校。

最后，即便我们假定老精英对新精英的认证总是公正的，也不能解决这样一个问题：很多的精英认证，需要有特殊的、与个人能力无关的程序。而满足这些程序都需要投入极大的成本。这使得一些可能满足精英标准的人得不到认证。比如说，正规大学的专业文凭需要长期在校学习才能得到。有可能有人通过自学也达到了相关的标准，但却只能得到一个效力低下的自学考试文凭，不可能得到类似于正规大学文凭那样的高效力认证。要得到正规文凭就要花金钱、时间去上课、写作业、做实验、考试。

第三，绩效认证的不可靠性。

如果要回避上下级认证中存在的问题，就不能把精英的认证交给精英自己完成，这就只能把认证的权力交给大众。大众对于精英的认证是通过其成绩来进行的，做出更好成绩的，就是更高水平的精英。这就是绩效认证。

无论有无资深精英的认证，如果一个人有着多次成功的经历，那么人们往往就会授予其相关领域的权威地位。一个人就算没有机械工程的文凭，只要多次设计出好的机械设备，自然大家会认可其机械工程师的身份，认为其具有专业能力和权威。

但是，绩效认证总是极为困难的，因为绩效的获取需要物质和社会条件。在一些情况下，在授予权威前根本不存在进行绩效认证的可能性。

比方说，现在要选美国总统。出来两位候选人，谁也没有当总统的经历，谁也没有全国执政的成绩。像奥巴马这种，更是连州政府的执政经历都没有，怎么可能通过绩效认定其权威／精英身份，并给予其更高的决策权呢？

如果绩效认证是不可行的或不及时的，那么最高水平的精英就无从认证。由于精英常常是由高到低逐级对下级进行认证，如果一个领域出现了这种问题，那么这个领域所有精英的实际专业能力恐怕都要打上一个大大的问号。

另外，绩效认证由于总是需要基于物质条件和社会条件，而这些条件的分布并不公平，因此一个做出了好成绩的人，未必专业能力强，也有可能其物质条件或者社会条件远优于其他人。举个简单的例子，两个官员，都主管环保工作，一个在海滨城市，一个在内陆城市。海滨城市的雾霾远比内陆城市少。那么海滨城市的官员就一定更有能力、更"精英"、更值得提拔吗？未必。这个问题在商业界出现得更多。

因此可以看到，权威认证这个问题本身就充满了漏洞。总结一下就是：

1. 除了绩效认证，没人能认证最高水平的精英。

2. 绩效认证并不总是可行的或及时的，甚至不总是可靠的。在很多领域，绩效认证所需的物质条件和社会条件本身分布不公平，因此绩效认证并不能完全确认当事人的专业能力。

3. 如果最高水平的精英本身认证不靠谱，那么由此而来进行认证的整个精英圈子的实际专业能力都可能是有问题的。

4. 精英可能会对一些合格的人不予认证，从而控制精英数量，保证精英的稀缺性和收益率。

5. 精英也可能会为了自己的私利而把不合格的人认证为精英，使得不合格的人有进行决策的机会。

6. 精英的认证途径往往并不是对所有人都平等开放。

即便所有的精英的认证全都没有问题，精英主义仍然存在一个根本性的漏洞，那就是精英本身的决策未必是对的。

精英可能会为了自己的利益或其他原因而做出错误或次优决策，医生可能会为了自己的提成而开出高价低效的药物，学者可能会为了出论文而伪造数据，政客可能会为了筹集竞选资金而与公司进行交易。

因此，单纯假定一个更专业的人士就会做出更好的决策，这本身就靠不住。

心理学实验中证明，越是有钱人，越可能喜欢侵占利益。这就是人性。所以，精英自肥，可以说是精英中不可能解决的问题，并不是靠宣扬"真正的精英"就能避免的。

回归到精英主义的定义，精英主义的问题也就很清晰了。

现代精英主义认为具有专业权威、专业能力的才是精英，但是专业权威、专业能力的认证存在上述 6 个问题。

另外，现代精英主义假定具备更高专业能力的人就能做出更好的决策，这个假定本身也不是时时都正确。

在很多领域，精英主义显然是必需的（比如没人会找个"陪诊团"而不找医生）。而对于精英主义的问题，其解决方案往往要在某种程度上诉诸民粹主义。

当然，这并不是说民粹主义就更好。民粹主义同样有自己的根本性问题。不过那就是另一个话题了。

从某种角度上可以说，精英主义和民粹主义的斗争与互补书写了近现代政治演变的历史。

最后说一下我在问题描述中的两个疑问。

全民普选为什么有必要（除了照顾少数族群的权利）？少数服从多数是否正确？

全民普选不存在必要性。全民普选是一种对主要民众群体和利益集团的保护性措施。在当前民粹主义和精英主义均存在致命缺陷的条件下，全民普选能够对执政精英起到较强的牵制作用。它也存在自己的问题。全民投票表决说白了是一种民粹主义措施。它不可避免地继承了当前民粹主义的根本问题——决策不专业（或者说决策的盲目性）。要把民粹主义的问题谈清楚，恐怕也得要写上一天一夜，所以这里就不谈了。

少数服从多数未必正确，需要特别的限定和语境。

人类到现在为止发展出的政治体制，每一个都有根本性的漏洞。不要指望说有一种体制特别好，一切都基本合理，没有大毛病。漏洞每一种政治体制都有，区别是谁的漏洞更大，谁的漏洞更不可回避，哪种政体在某一阶段更适合。

美国的共和制问题也不少,只是一直被很好地回避了。现在美国国会越来越对立,立法效率越来越低,这不是偶然,而是美国体制设计的诸多根本问题导致的。

PART 2
世界可观,未来可见

在我们的目光所及之处,常常有一些观点或者结论,虽说我们觉得其大体上没什么问题,但一深究,却总有些怀疑。大家习以为常的观点和结论,有时会潜藏着相当复杂的背景和逻辑。常听人说"四大文明古国",可璀璨的希腊文明为何没有位列其中?做当前无用的重大科研项目总要花费大量税金,但为什么必须要做呢?工业化对人类的发展到底有多大的影响呢?针对这些问题的思考,常常是我们理解世界的重要窗口。

大家退休以后再生孩子的时代还远吗？

经济发展水平较高的社会，主流民族人口不断萎缩，这是近几十年的一个普遍现象。

中国无疑也越来越接近这个情况了。

如今的社会，一方面把过去的"人欲"和"伦常"纷纷解构，但新的可持续的伦理体系还没有建立起来，社会还处于高速变化期。

对于中国未来人口情况的发展，大可不必想得过于严重。

首先，过去几千年，世界都是被马尔萨斯陷阱所统治。繁荣期，你好我好大家好；到了一定阶段，人口太多了，粮食、耕地资源紧张了，再来个天灾或者战争，结果十户存一，千里无人烟，这在历史上都不鲜见。那样的时代，恐怕不见得比部分朋友所想象的灰暗的未来更有吸引力。也不要觉得历史进入新时代了，人再多都养得起。核聚变或其他新能源技术全面普及之前，农业产业工厂化之前，地球能够供养的人口是很有限的。人口不断膨胀的结果只能是更加惨烈的马尔萨斯陷阱。所以现在的情形，在历史上看也并不算坏。

其次，各个文明之间是一个类似于生物进化一样的优胜劣汰的局面。那些更适合当前环境的文明会兴盛，而那些不大适合的，则会被逐渐淘汰。不同于生物的地方是，文明会因自己的环境进行改变，尤其是因类似文明所遭遇的局面，而吸取其他文明的经验或负面的教训。人们总是倾向于安守现状，直到有个鲜活的例子告诉大家这是行不通的。各个文明还没有非常急切地开始对付人口衰退，那并不是说大家都束手无策，而是：其一，谁都没有尝到这带来的任何严重后果；其二，没有谁有这个动力去做非常激进的改变。尤其是考虑到与人口相关的问题常常涉及伦理的红线，出于政治需要，先进国家的政客也不见得有能力、有动力做什么大的动作。

非常幸运的是，中国在人口问题上的余裕并不是最小的。如果这个问题持续下去，我们可能会首先看到一些欧洲国家遭遇非常严重的后果。在这种严峻教训的"鼓励"下，其他国家很可能会开始采取更为激进的举措，社会文化也会发生巨大的转向。而如果到那时中国的政治格局还没有根本性的变化，有可能中国反而是在政策空间上余裕比较大的那一个。我从不怀疑这些先进文明最后能否找出一条路来解决这个问题。这几乎是一个必然，问题只是最终的解决方案是什么样子。

毕竟，就算没有人愿意生育，基因库—人造子宫—人工培育—社会化培养，这仍然是先进文明的最后一道防线。只不过现在大家的压力都还没有大到需要突破相关的伦理的程度，而且最后的解决方案应该也比这个要温情许多。

这种最终的解决方案，会极大地偏离我们如今的社会运行模式。

我做一个狂想式的推测。那就是社会抚养机制高度完善（比如全天营业的幼儿园、各种早教课程、大量的公立服务体系），儿童照料、抚养等服务与AI技术相结合，变得更为普遍，真人代孕或人工子宫代孕成为普通的社会服务设施。通过干细胞重生子宫或冷冻卵子来大幅提升生育年限将十分普遍。精子库/冷冻精子、卵子库成为公共服务设施。婚姻虽然仍然存在但是日渐式微。通过以上服务实现单人生育可能司空见惯。另外，由于以上这些条件，生育时间可以大幅度推迟到40岁甚至更晚。毕竟，当平均寿命能够提升到80岁，并且大部分时间都保持很高的生活质量时，晚年乃至退休以后生孩子、养孩子可能会成为新的潮流。届时，可能很多人会选择在55岁的时候经过冷冻配子和代孕服务获得孩子，并抚养成人。想想看，那个时候的平均寿命，就算60岁生孩子，基本也能活着看到孩子大学毕业呢。

现在我们已经能看到冷冻配子和代孕这种方法了，只不过限于伦理、立法和成本，这还只是少部分人能够办到的事情。通过干细胞重生卵巢/子宫来大幅提升生育年限，这是目前成熟度接近临门一脚的技术。虽然使用人造子宫来生育婴儿听上去像是天方夜谭，但是相关的学术研究正在通过动物实验缓慢推进。与AI结合的低成本可大规模推广的儿童照料、抚养技术仍然还有一定的距离，但已经可以看到曙光。总而言之，这些都是可期的东西，只是看整个社会有多大动力去推动它们成熟和普及了。

最后，机器人大潮即将到来，短期内会消灭大量的工作岗位，而新的经济格局未必能迅速稳定下来。指望未来一二十年中被机器人取代的工人、服务员能够迅速转入蓬勃的创意/创造行业，这是非常不现实的。这意味着有很多人将会失去工作。在那时候，年轻人口减少，未必是件坏事。在生产力迅速提升的条件下，年轻人口可能会被引导转入养老行业、育幼行业等。这时期，失业的可能更多是中年人和老年人。这对社会稳定的影响不会太大。如果年轻人口仍然在蓬勃发展，同时遭遇机器人大潮，那么结果可能是大量年轻人也会失业，这就可能导致社会高度不稳定。

另外，如果以如今的经济形势来预判自己中老年时候的经济形势，然后做出丁克的决定，可能会在中老年时候面临失业和生活水平直线下降。这是因为，主要经济体新生人口大幅减少和机器人大潮后的经济格局调整，有可能会引发严重的经济危机甚至地区军事冲突。还要考虑到那个时候养老金可能已经由于新生人口过少而大幅减少每月支付给老人的金额。考虑到未来四五十年里面这些大洗牌的可能性，从提高系统抗风险能力的角度，还是建议大家生孩子。

现阶段不打算生孩子的，也不妨冷冻一下配子，说不定我们这一代就是第一代"退休以后生孩子"的人呢。

人类进入工业化之后有多可怕？

什么是工业化？工业化绝不仅仅是制造业，不仅仅是机械化生产，不仅仅是大规模使用专业工具和专业设备。工业化更是一种独特的方法论。

各个领域的工业化生产，抛开所有表面上的机械、产品，其背后的方法论是一样的，那就是标准化。

工业化所要实现的，是对产品的高效率生产，生产效率越高，平均成本就越低，在市场上的竞争力就越强。实现高效率生产的一个必要手段，就是确保产品的特性高度一致。唯有产品具有一致性，生产、加工、运输的效率才能高起来。

比如说，早年间，海上运输的包装箱尺寸各异，装船卸船都非常费时费力。每一个包装箱都需要海员和港口装卸人员仔细评估，人力捆扎固定，装卸过程中还需要专门的人来监控，以确保安全。这样的效率很低。后来，标准集装箱出现了，它们尺寸一致，装卸方式完全一致。于是才能有专门针对运输集装箱的货轮设计，以及专门用于装卸集装箱的起重设备，乃至专门运输集装箱的地面运输车辆。这就让海运的效率大大提升。

同样，早年间的汽车也是手工打造，零件彼此不通用。要把一个A零件和一个B零件组装为一个组件C，汽车组装工就需要在一大堆A零件和一大堆B零件里找能相配的。如果找不到，工人就得把零件用加工工具修整一下，再尝试组装。如果零件的一致性很好，所有的A零件都长一个样子，所有的B零件也都长一个样子，那么工人只要随便拿一个A零件就能和一个B零件配对，效率无疑大大提升。

工业品的一致性，并不见得一定是全部一模一样，有时工业品也会刻意有一些各自不同的细节来迎合客户的需求。一致性的核心是，产品应该一致地满足预先设定的产品标准。所有不符合标准的产品，基本上都是残次品。残次品意味着成本的浪费。如果残次品未能在出厂前检出，那就意味着产品召回、额外的售后服务成本、品牌美誉度的损失，总的来说就是会带来更为巨大的损失。一致的产品，就可以采用一致的加工手段、一致的检验手段、一致的包装，使得效率得到提升，成本得以降低。

那么，如何才能实现产品的一致性呢？这就要靠标准化。

所谓标准化，由三个部分组成：制订详尽的工艺流程，用种种手段保障流程被严格执行，不断根据实际结果改进、优化流程。

工业时代以前，产品的生产往往都是由各个手艺人完成的，手艺人的经验对产品的性能具有决定性的影响。手艺人一方面生产产品，另一方面也不断研究生产的方法、技巧。不同的手艺人，经验、技法都不同，生产出来的产品千差万别。要扩大生产，就要培养更多的手艺人，这是非常低效的。工业大生产第一不可能允许如此千差万别的产品，第二没有耐心去等待手艺人积累经验、逐渐成长。因此，工业化生产把工艺的研究工作与具体的生产工作区分开来。

工艺工程师（也叫制程工程师）负责研究一个产品该如何生产，并把研究结果制作成非常明确、细致的工艺流程，写成工艺指导书，交给工人。工艺指导书就像菜谱一样，告诉操作者该在什么时间用什么方法来加工产品，以及用什么方法来检验产品加工得对不对。而工人，只需要严格按照工艺指导书里面讲的内容来操作就好了。如此一来，即便是没有什么经验基础的工人，只要严格按照工艺指导书中所描述的流程来执行，也能生产出符合要求的、非常一致的产品。

然而，人毕竟不是机器，而就算是机器也会磨损、出故障。千万次的操作始终如一，这是需要用种种手段来保障的。这也是工艺工程师研究的内容之一。比如用不同颜色的电线来避免工人接错，用插错位置就插不进去的接插头，用自动化生产工具，等等。然后还要加上各种各样的检验手段来判断生产过程是不是出现了问题。工业界甚至有成熟的方法，能够通过对产品的一些特性的测量，来预测将会出现的生产问题，并提前予以解决。

最后，工艺流程绝不是一成不变的。糟糕的流程会导致生产效率偏低，残次品率偏高，浪费时间和金钱，甚至可能导致职业病或威胁人身安全。而且，并没有什么流程是完美的，流程总能够不断进行优化，直到优化到流程已经足够好、投入更多的成本去优化流程已经很难收回成本为止。

这听上去好像不太清晰。我们不妨举个例子。

很多人都没有意识到餐饮行业正在快速工业化，很多人总以为餐馆的大厨不会失业。实际上餐饮行业恰恰是最新的工业化的代表，未来五到十年中，连锁餐厅（十家店以上）会快速扩张，单店和小连锁的比例会降低。中央厨房/半成品供货商＋自动化烹饪设备＋操作工模式，将在越来越多的餐馆里消灭大厨的岗位。过去配菜—帮厨—主厨的晋升路径也将随之消失。

过去餐馆的生产，都是工业化之前的手艺人的模式。也就是说，负责新菜品、新工艺研发的厨师，往往也是负责每天做菜（生产）的厨师。连锁店扩张是非常困难的，因为两个厨师做出来的同一道菜，口味可能差别非常大。知名餐馆开了分店，可能口味远不能和老店相比。而且大厨作为生产和研发的核心，随时可以跑出去自己开一家店，自立门户。他完全不必寄人篱下，让别人从自己的劳动成果里面抽成。这带来的结果就是，像历史上的其他行业的手艺人一样，大厨也不太喜欢把自己最拿手的本事教给别人，甚至经常会"传男不传女"，因为女儿会嫁到别人家，成为别人家的家庭成员，导致技术的扩散。一旦遭遇流行病、饥荒、战乱，一个手艺人家庭就可能"全军覆没"，一门手艺、大量的经验就失传了。这也就是为什么我们总能看到历史上有些显示出精湛技艺的兵器、器皿、艺术品，在很长一段时间里都没有人知道怎么样才能做出来。

那么，工业化的餐饮又是什么样子呢？西贝莜面村有一篇文章就很有意思，介绍了他们把水盆羊肉做成标准化产品的过程。

首先由产品经理确定相关产品的最佳实践，进行产品定义。也就是找到最好的、能作为标杆的一个样品（找出民间做的最好的水盆羊肉），然后确定一个标准——"什么才叫好的水盆羊肉"。他们要定义肉的口感、汤的味道等，甚至要定义汤里面油脂的形态和口味。

然后由研发工程师进行原型研发。原型研发确定了基本的配方，用什么肉、什么调料，以及基本的烹煮流程。这各阶段主要是保证产品定义能够被满足，这时候甚至可以使用各种量产不可能使用的工艺、原料。

第三步进入到工艺设计阶段，这一段通常由工艺工程师负责。香料是整个放入还是打碎？羊肉是预先拆骨还是煮后拆骨？羊肉如何化冻？这各阶段主要是用量产的用料和工艺满足产品定义，但通常这并不是真的在完整的量产环境/条件下完成的。

这些研发和设计最后就会归集到工艺指导书上面。工艺指导书规定了生产产品的详细流程，必须严格遵守。未遵守工艺指导书，就是生产事故。

最后进入执行层面，要对操作人员进行培训，开始尝试在量产现场执行工艺指导书。当然，实施现场可能存在之前没有考虑到的问题，各个生产地点的条件可能不同，这时候就要根据一线人员的意见，对工艺指导书进行修订。这个阶段可以认为是试生产了，主要是保证在真实的量产环境/条件下能用量产的用料、工艺满足产品定义。

与研发和工艺设计同步，供应链团队就要为各种原料寻找合格的供应商。不但产品要合格，质量也要稳定。常常还会有交期、账期等方面的要求。

有时候，生产过程对时间要求很高，那么就要在前面几个步骤之后进行产品的小批量生产。这个阶段主要是保证能够在量产的环境/条件下用量产的用料、工艺和节拍（可以理解为每道工序的用时）来满足产品定义。

这些工作全部完成后就进入了大批量生产（简称"量产"）阶段。所有的流程、所有的组织都是为了量产。

量产就是工业化的可怕之处。它是以过去无法想象的生产效率产出各种产品。因为生产效率高，产品的成本得以降低，价格也就能控制在较低的水平。

我们以烤鸭为例。以手工业的方法生产烤鸭，是在前一天晚上将生鸭子准备好，而在客户下单的时候，才把生鸭子放进烤炉，整个烹饪过程差不多要花费两个小时。

而工业化生产的烤鸭，是在中央厨房用流水线一样的高效工艺将鸭子烤成半成品。餐馆厨房在接到订单后，将半成品放入万能蒸烤箱加热，将外皮烤脆，只需最多半小时即可上桌。而中央厨房为了保证最终成品的口感，会反复研究半成品的烤制方法以及餐馆厨房的加热方法，使其口感不输于现烤的烤鸭。

你在餐厅里等待菜品上桌的每一分钟，都是商家的损失。因为你并没有在消费。一般一顿大餐，单纯吃东西的时间也就一两个小时。如果你一下单，烤鸭就上桌，那么这一顿饭也就花两个小时。如果两小时后才上桌，你这一顿饭就要花大概四个小时。假定一个餐馆有十张餐桌，晚餐从下午五点钟开始到十一点结束，总共营业六个小时。如果一餐只需两个小时，理论上每张餐桌每天晚餐时间能够接待三桌客人，而如果一餐要四个小时，平均每张餐桌每天晚上只能接待一点五桌客人。这意味着，同样的场地面积，同样的人员规模，前者的收入是后者的两倍。而由于食材仅占全部餐厅运营成本的不超过百分之五十，前者的纯利润则有可能是后者的四倍以上。

试问，如果两家口味差不太多，手工作坊式餐厅拿什么和工业化餐厅竞争？

如今大家可能发现了，去各种餐厅，尤其是有名气的连锁餐厅，上菜速度越来越快。现在你去一家餐厅吃烤鸭，半小时之内上桌是基本的要求。其他大部分菜品都是这样生产的，尤其是菜单最后的各种面点、甜食。

工业化把所有"高贵"的东西都打得粉碎，让真正有需求的人都可以享用。过去那些因为品质不稳定（比如手工打造的汽车）、生产工艺极度复杂（比如古代的优秀刀剑）或是原料受限（比如对虾），而只能由少数特殊的人来生产的东西，变成普通人就能上手操作、上手生产的东西，甚至最终变成不需要人力直接参与就能够生产的东西。

其结果就是物质财富的生产与人力、本地气候、本地环境、本地资源逐渐脱钩，整个世界的物质财富空前丰富。而且工业化每进入一个阶段，其实现的物质生产的高度都是前一个阶段很难想象的。

而且，这里有一个非常有趣的地方。虽然由于成本所限，中低端消费品的原材料一般不如高端消费品那么好，但由于受众越广，生产厂家在生产工艺的研发上投入的资金就越大（因为平摊到每个产品上的成本十分微小），因此很多大众消费品的可靠性，其实比高端消费品更好。比方说，豪华轿车的故障率常常比中端轿车的高不少。而很多工业化的消费品，即便是富豪也很难用钱买到更高级的版本。知名富豪巴菲特，非常喜欢喝可口可乐。尽管他的财富是一个普通蓝领工人的无数倍，但他们喝的可乐并没有什么差别。工业化生产，很大程度上把富豪和平民消费拉近了许多。

很多人大概以为人类社会已经接近工业化的顶点了，毕竟第二产业占发达国家 GDP 的比例早已被服务业超越，而且还不断萎缩。

然而工业化还远远没有结束。

对餐饮进行工业化，就有了新辣道、西贝。

对租房进行工业化，就有了自如公寓、蛋壳公寓。

尽管这些行业都还处于工业化的早期阶段，但是其发展方向是十分明确的。工业的管理手段、供应链组织形式，都已经开始应用于越来越多的行业了。

如果我们据此向未来展望，就会发现，一旦能源技术——无论是太阳能技术还是核聚变技术——获得实质性的突破，能源成本将会降到历史新低，这会带来新的一次工业化。所有的环境控制问题，最终都是能源问题。一旦能源问题解决，人类对环境的控制效率，将可以达到把农业完全工业化的地步。

如今农业大体上仍然要靠天吃饭。虽然已经有一些农产品可以在厂房里生产，但是这种"农业工厂"的环境控制，尤其是人工光照的能耗仍然十分巨大。这使得工厂生产农作物的成本显著高于靠天吃饭的农业。但是一旦能源成本大幅降低，所有农产品的生产就都可以放到厂房里完成了。那时候农业厂房可以有几层楼高，日夜保持可控的温度、湿度和光照强度，把整个环境保持在最利于农作物生长的水平。病虫害被完全隔绝在厂房之外，因而不再需要使用任何农药。物种改良可以实现更快的生长周期。那个时候，农产品就能像工业品一样定时、定量地生产。

甚至连肉食也不例外。未来根本不需要再养牛养鸡，鸡肉细胞和牛肉细胞可以直接生长在合适的培养基上面，而不是鸡和牛身上。吃肉再也不用杀生了，不再需要什么饲料和抗生素。

最后，无论是在沿海还是高原，无论是干旱地带还是潮湿的丘陵，那里的农产品工厂都可以生产原本生长于其他地方的东西。西藏的工厂可以生产鲍鱼、海参，海南岛的工厂可以生产葡萄、苹果。

你想要吃牛肉，没问题，你可以指定牛肉的具体部位和需求量，几周以后就可以供货。送到店里的牛肉甚至可以保持在尚未"宰杀"的状态，就像订购一些机械零件一样。如今昂贵的大龙虾、帝王蟹之类，一旦经过工业化，很便宜就能吃到。

过去酿酒常常对原料和产地有着极高的要求。同样是拉菲葡萄酒，82年生产的拉菲和83年生产的拉菲就是不一样。这在工业生产上是不可接受的。但是如果我们仔细看看酿酒的过程，无非就是用特定的细菌和原料放到一起，在特定的温度下发酵，也许再加上一些蒸馏之类的加工过程。过去因为细菌基因和原料成分不同而产量有限的各类名酒，未来很可能会随着基因技术等领域的发展也变成能够在厂房里大规模标准化生产的产品。

随着技术的提升、能源成本的降低，工业化会更深入地改造我们的生产方式，它会让整个社会的物质财富不断提高，使人们的生活水平不断提高。

这最终会影响到整个社会的伦理。

荒年饿死人，在过去是正常的事情，可在现代工业化社会已经变成必须追究的重大过失。

现在大家普遍觉得社会不能养懒人。未来社会大概觉得就算一半人口都是懒人，养起来也毫无压力。就算他们成天大吃大喝，只玩不工作，也不会对奋进的人们造成什么显著的负担。那时候的基本生活保障标准，大概连如今的中产阶级都要仰望。如今只在北欧一些地方试行的国民基本收入制度（指不问个人情况，每月政府给每人都发固定数额的钱，能满足一般生活需要），以后会成为像低保一样的普遍制度。

随着生活条件、环境控制的趋同，那个时候世界各地的习俗、文化都会逐渐趋同，隔阂可能变得更小。

所以到底工业化有多可怕呢？人类进入工业化之后，对我们之前所有的伦理都会进行不同方式的颠覆，而且不断地颠覆。这才是可怕之处。

四大文明古国为什么将希腊排除在外？

简单地说，大家熟知的古典希腊，其实是两河流域和埃及共同哺育的一个次生文明。它的年代比较晚近，作为一个古典时代的文明，显然不能与古典时代以前的文明相提并论。

四大文明古国的说法在二十世纪初是没有问题的，它指的是欧亚大陆上独立成长起来的古文明（或称原生文明）。这个说法的主要问题，不是它不成立，而是它受到了二十世纪初的考古学水平的限制。后来又添加了南北美洲的两个独立成长起来的古文明。二十世纪初，古希腊（指迈锡尼、米诺斯文明，不是雅典、斯巴达为代表的古典希腊）的考古结果尚未成为普遍常识，因此，古希腊也没有被列入考虑范围。这个说法在中国是梁启超第一次提出的，但梁启超同样是受到当时西方考古学的进展的影响。

古典时代以前就产生的重要古文明一般包括：古埃及、两河文明、古印度、古中国、安第斯山脉的小北文明、墨西哥的中美洲文明。也有历史学家将古希腊（而不是古典希腊）与欧亚大陆上其他四个古文明并列。比如斯塔夫里阿诺斯的《全球通史》中，就专门写了欧亚大陆上的五个古文明：美索不达米亚文明（亦即两河文明）、古埃及文明、克里特（亦即古希腊）文明、印度河文明、商朝文明。所以，按如今的考古成果，应该说有六 / 七大古文明。

古典希腊（亦即我们熟知的雅典、斯巴达等）和古希腊并不是同一个文明的不同阶段，而基本是两个文明——虽然在语言和宗教上有一定的继承关系。古典希腊是次生文明而不是原生文明，而且时间上也比原生文明晚近得多。仅说一点即可明了。古中国、古印度、古埃及、两河的文字都是本土产生的。古典希腊的文字则继承自腓尼基人，而腓尼基字母大致可以追溯到古埃及圣书体衍生出的一种拼音文字。前四者在农业上都有自己培育、驯养的特色物种，古典希腊没有。甚至有考古学家认为古典希腊的农业技术也基本是外部输入的。

总而言之，对后世影响深远的那个希腊（亦即古典希腊），是没办法与这些文明并列的。

真正的问题在于，为什么要谈"四大 / 六大 / 七大古文明"。

从历史学的意义上讲，这几个古文明是人类早期基本独立建立的，它们在古典时代以前各自在文化、文字、农业等重要的人类发展里程碑问题上均有不同的贡献。

"古典时代以前"这个词非常关键。历史往往是一段一段来论述的，所以分段很重要。古典时代以前，值得一提的文明确实没几个，讲 × 大古文明很容易。古典文明，要么是古文明的直接后代，要么就是受他们强烈的影响。古典希腊，是古典时代的文明，不可能放到古典时代以前去论述。很少有人讲 × 大古典文明，实在是因为古典时代文明遍地开花，各具特色，起码要两位数大，而不是个位数大了。

从民族主义的意义上讲，虽然深究起来很奇怪，但自己的文明历史悠久，常常能让人产生自豪感。无论是四大文明、六大文明还是七大文明，中华文明确实都是唯一一个流传至今的古文明。常有民族主义者提起这个事实，并不令人惊讶。只不过这个说法应该根据考古学的进展来进行更新。

一些朋友可能非常怀疑"中华文明是古文明之中唯一流传至今的文明"这个论断。

我们不妨来看看其他古文明是什么情况。

古埃及，文明灭亡，文化失传，文字失传，民族变更，宗教覆亡。古埃及的文字，是后来通过罗塞塔石碑解读出来。

古印度，文明灭亡，文化失传，文字失传，民族变更，甚至不确定当时的宗教是什么样子。文字至今无法破译。

两河流域，文明灭亡，文化失传，文字失传，民族变更。

南北美洲，文明灭亡，文化失传，文字失传。

古希腊，文明灭亡，文化失传，文字失传。有一部分古希腊文字是后来考古学家和语言学家破译的，其余的至今仍无法解读。

这可不仅仅是什么"融合了其他民族和其他文化"的问题，而是文明断了根的问题。

那么我们再回来看看中国，文字虽然历经变革，但整条源流十分清晰，内在核心一以贯之。文明的思想可以一直追溯到数千年前。文化的元素在历史上一直得到发展，继承关系十分明确。民族虽然偶尔遭受其他民族统治，也融合了其他民族，但本身的大量特性仍然得到了继承，民族主体没有发生变更。

文明史不断演进，的确会变更许多部分。我们或可用忒修斯之船的比喻来说一个文明。尽管我们在发展路途中已经换掉了这条船上的大部分零件，但主要的零件依然是我们自己制造的，绝大部分外来零件也很好地融入了整体之中，成为了我们自己的一部分（比如佛教），而且这么一艘历史悠久的船居然还有不少零件能够追溯到极其古老的时代。而船员也基本还是原来的船员——尽管中途来了几个新船员，还有那么一段时间被新船员暂时夺了船长的位置。

相比之下，其他类似年代造出来的船，大部分都沉了，零件打捞上来都不知道是干什么用的，原来的船员大部分都死了，少部分分散到其他船上去了。有的船（印度），仅仅是船名和出产地与最早的那艘船一致，除此之外，这条新船的船员已经换过了，连船长都换了好几拨了，过去的船只管理层现在都成了最底层的劳工，连船规（宗教文化）都是外来船员制定的，用来方便外来船员管理老船员的。

耗费巨资做当前无用科研的重大意义

1854年,黎曼提出了黎曼几何的初步设想。

1905年,爱因斯坦发表狭义相对论。

1912年,罗伯特·戈达德开始研究火箭。

1916年,爱因斯坦发表广义相对论,其中使用黎曼几何作为核心数学工具。

1957年,第一枚人造卫星Sputnik 1发射成功。

1959年,第一个卫星定位系统Transit开始研发。1960年测试成功。

1967年,Timation卫星系统将原子钟带上太空。

1973年,美国决定研发全球卫星定位系统。

1978年,第一颗GPS卫星发射成功。

在研发 GPS 卫星时，学者发现，根据爱因斯坦于 1905 年发表的狭义相对论，由于运动速度的关系，卫星上的原子钟每一天会比地面上的原子钟慢 7 微秒，而根据 1916 年发表的广义相对论，由于在重力场中不同位置的关系，卫星上的原子钟会比地面上的原子钟每天快 45 微秒。两者综合，GPS 卫星上的原子钟每天会比地面快 38 微秒。由于 GPS 依靠间隔时间为 20~30 纳秒的时钟脉冲信号进行计算和定位，如果不对时间进行校准，定位位置将发生漂移。每天漂移距离约为 10 千米。

没有相对论，就没有全球卫星定位系统。

那么站在 1905 年或 1916 年，人们能够想象相对论有什么用吗？站在 1854 年，人们恐怕也无法想象黎曼几何能有什么应用。

即便在 1978 年的时候，美国研发 GPS 的目的也不过是给自己的导弹、核潜艇等进行定位。1983 年大韩航空 007 航班误入苏联领空被击落。美国总统里根宣布 GPS 将向民众开放，以防止类似悲剧再次发生。1989 年第一颗新一代的 GPS 卫星发射，1994 年 24 颗 GPS 卫星全部入轨。我们今天开车必备的卫星导航，在 1905 年的时候连科幻小说作家都想象不出来。

当我们今天对着手机说"帮我找一家附近评价最高的川菜馆"的时候，这背后牵扯了多少纯理论呢？微积分、黎曼几何、复变函数、概率论、相对论、电学、光学、有机化学、无机化学……

每一样理论，在其诞生之时，我们都想不到其对今日日常生活的作用。

总而言之，理科与工科是不同的。

理科的目的在于探索这个世界的规律，而这些规律该如何得到应用，这是工科的事情。工科的主要工作就是用理科发现的理论、规律来解决人类社会中需要解决的问题（当然，工科在此过程中也发展出更多的对世界规律的认识）。

理科成果的用处，极少会像工科那样明显。理科应该是超前于时代的。如果理科不能超前于时代，那是这个时代的悲哀。

理科的研究总是艰难的、缓慢的。正因为如此，我们才应该坚持不懈地进行投入，不断推进人类的认知边界。

如果工科在解决实际问题时才发现理科的理论不能够支持，这时候才去投钱到理科去研究相关的问题，那么相关问题的解决恐怕就要往后拖延几十年，这将极大地阻碍人类社会的进步。当然，很多领域我们之前没有意识到有问题需要解决，等到意识到了，才发现有一些客观规律我们还没有掌握，这才开始进行研究。但如果我们能预先探索这些方面，显然对人类社会的发展会更为有利。

如果我们要尽量保证现有理论能够解决现有问题，那么就需要保证理科领先于整个社会。

因此，今天最前沿的理科研究，其第一次应用往往在几十年甚至上百年之后，它的应用形式很可能是我们现在难以想象的。

只有持续在基础学科上进行投入，人类才能不断进步，生产力才能不断提高，人民生活水平才能不断提高，人文关怀才能不断提高。时常有人质疑说，世界上还有很多贫困人群，为什么不去拿钱补助他们而要搞一些目前看不到应用场景的科学理论研究。其实正如我在"现代科学的人文关怀或者说以人为本体现在哪里"这个问题下面的回答里讲的那样，推动人权提升和生活改善的主要力量是生产力的提高。如果我们今天仍然保持在一千年前的生产力水平，那么无论我们怎样扶贫，大家的生活都不会好过到哪里去。适度地投入基础学科研究，即便暂时看不到应用场景，也是有利于整个社会的。

苹果手机为什么会失去魔力

我仍然记得当年苹果第一代 iPhone 手机发布的情形。它的交互方式和使用体验，完全是在消费者还想要"更快的马车"的时候，刚好把一台保时捷 911 放在了我们的面前。很多人，包括我在内，那时都没有意识到它将带来怎样的冲击。

iPhone 的出现标志着一个新时代的开端，那不仅仅是智能手机时代的开端，更是移动互联网时代的开端。

在随后的数年中，iPhone 就是"最高科技、最前卫设计"的代表。Siri、指纹解锁、线性马达等新技术不断被应用在 iPhone 上……那时候世界上只有两种智能手机，一种是 iPhone，另一种是"其他什么杂七杂八的手机"。

然而，随着一代又一代 iPhone 的推出，苹果的手机产品却好像逐渐失去了魔力。最新推出的旗舰产品，相比于竞争者来说，既不足够大胆，性能上也缺乏亮点，各方面的硬件特性都无法与其超高的价格相匹配。最终落得个销量锐减，股价大跌，负责零售的高级副总裁引咎辞职。

是什么让苹果手机失去了魔力呢？有的人说是库克这个CEO，没有创新和冒险的精神，和乔布斯还是不能比。有的人说是那个奢侈品行业出身的零售副总裁不懂手机。

在我看来，无论这些说法是否正确，其实还存在一个更深层次的问题。那就是创新本身的规律。

产业发展的S形曲线

一个产业的技术水平，并不是线性发展的过程。亦即，并不是说随着时间的推延以及研发投入的不断积累，技术水平就会以类似不变的速度提升。相反，这是一条S形曲线。

也就是说，在产业发展的早期，技术水平提升很慢，这是这项产业技术的婴儿期。等到了一定的节点，技术水平随着资金与时间的投入，提升的速度会陡然加快，这是产业技术的成年期。而再过一段时间，就进入了这项产业技术的老年期。持续投入重金和巨量的时间已经不能够给技术水平带来多少提升了。这时候企业如果想要保持竞争优势，就必须及早开始投入资金，孵化下一种产业技术，进入下一条S形曲线。

这是美国耶鲁大学教授理查德·福斯特在《创新：进攻者的优势》

一书中提出的 S 形曲线，虽然是 20 世纪 80 年代的老理论了，但其解释力经久不衰。

回到苹果手机这个问题上。虽然很多人抨击苹果失去了早期的锐气，不再能引领创新，但是它的竞争对手们，也并没有强到哪里去。为了不断提高显示屏的屏占比，不同厂商可谓各出奇招，然而这都是有代价的。有的以寿命为代价，有的以易用性为代价，有的以整机重量为代价，有的以功能为代价。这些创新的解决方案并没有让 iPhone 有本质性的提升。

这些现象都指向一个问题，那就是当前这种形式的智能手机已经进入了产业技术的老年期。高昂的研发投入和巨量的时间投入，并不能带来多少实质性的提升。

因此，iPhone 失去了以往的光环未必真的就是管理层犯了多大的错误，而很可能是产业发展规律导致的。

对于智能手机来说，现在的问题在于，大家都在尽快寻找下一条 S 形曲线。

是手机 AR？是柔性屏？我觉得都不是。这些技术都是小修小补，都只是产业技术老年期里面那些耗费不菲、成效甚微的提升。

我们需要接受的事实可能就是，智能手机越来越进入到笔记本电脑一样的状态了。其产业模式可能会越来越像笔记本电脑了。在常用功能区别越来越小的情况下，价格、定位、可靠性将居于前列。这对于过去标榜创新、前卫的厂商是不利的。

因此，我对苹果未来在手机市场的前景并不看好。苹果本次的销售额衰减，并不是一个暂时的现象，而是长期衰弱的开端。而苹果对供应链的超强控制力，可能也会受到销量衰落的冲击。

对于苹果来说，要重现辉煌，大概需要寻找到全新的下一代产品才行。

在产品技术进入老年期以后（甚至可能是在进入老年期以前），相关企业就要开始着手对下一代产品技术进行投入。下一代技术一开始可能还没有这一代技术好用，但是随着投入的增加，新技术最终会超越"马车"，然后达到一个新的高度。

对于北美来说，工作人群每天开车通勤平均要用一个小时以上。如果汽车能够自动驾驶，而汽车内部可以做成一个影音俱全的工作/休闲中心。那显然是一个足以启动下一条 S 形曲线的产品。把握住这个产品，就把握住了下一个重要的网络接入点。无怪乎谷歌和苹果，两个和汽车八竿子打不着的企业，都要去争夺自动驾驶车辆的市场了。

再者，智能 AR 眼镜可能是未来能够替代智能手机或至少能与之平行的重要产品。但是相关的技术还在婴儿期的早期。谷歌已经做了一次不成功的尝试。微软试图从商用产品来切入。苹果似乎至今还没有动作，这显得不太正常。我们大概能在未来几年中看到苹果的概念产品展示。这都是相关企业试图切入下一条 S 形曲线的尝试。

S 形曲线的其他启示

产业技术发展的 S 形曲线提醒我们要重新审视很多问题。

比如说，早年间有人在抨击我国发展道路选择的时候，就说使用集成电路的电子计算机刚出现的时候，我国和欧美差距不大，但后来由于我国放弃了追加研发资金导致了这一块极大落后。现在回头再看，这种抨击并不正确。当年中国经济不发达，在这个领域的研发投入很有限。但因为这个领域尚处在婴儿期，很大的投入和较少的投入，两者产生的技术水平差异可能并不大。但是随着研发投入的持续增加，欧美会很快进入到技术的成年期，并快速甩开中国。无论当年中国是否选择历史上的做法，对于我国现状都不会有太大的改变。

但是反过来说，如今电子计算机产业，已经进入了老年期。

还记得二十世纪九十年代的时候，一款新发布的笔记本，到第二年，配置就开始落伍了，到第三年有些软件就跑不动了。而我2012年买的电脑（于2013年换装了SSD），一直用到今天（2019年）还完全可以用。

二十世纪九十年代，CPU的发展日新月异。而如今，因为产品性能提升犹如挤牙膏一般一次就提升一点点，英特尔已被戏称为"牙膏厂"。

如今，英特尔10nm技术难产，而原AMD的芯片生产部门，即如今的Global Foundry（格罗方德半导体股份有限公司），已经公开放弃了7nm技术（与英特尔10nm技术同属一代）的研发。当今能够达到量产7nm芯片的，只有台积电一家。而且相关工艺、技术的继续提升，希望并不大。

产品技术进入老年期,是先行者的噩耗,但却是追赶者的喜讯。

当产品技术进入老年期的时候,巨量的资金、人力投入,已经换不回特别显著的产品技术水平提升了。追赶者就可以利用有限的研发投入,达到与先行者差距不大的水平。这时候,产品的定位、可靠性、价格等要素,就变得愈发重要起来。

2018年"中芯事件"的爆发,可以说是恰逢其时。如果爆发在芯片产业的成年期,无论中国政企两届有多大的投入,大概都不可能在短期内形成有市场竞争力的产品。然而它恰恰爆发在芯片业进入老年期的时候。这意味着,五到十年的持续投入,很可能让中国涌现一大批具备市场竞争力的芯片企业。

当然,我们也能够看到,欧美企业正在各个领域寻找"下一条S形曲线"。比如,在计算机领域,量子计算机很有可能就是下一站。正如在智能手机方面也有诸多可能的下一站。如果不能在下一条S形曲线开始的时候就加紧投入,跟上先行者的步伐,那么极有可能发生的是,我国的企业费心费力打下来的,只是一个行将淘汰的产业细分领域。而欧美企业可以借助新兴的产品对仍然固守旧产品的我国企业进行"降维打击",重新把市场夺回去。

这种事情以前就发生过。我国曾经凭借着技术引进和成本优势,吃下了大量的传统显像管电视机市场。然而欧、美、日企业很快凭借着液晶显示屏技术,用液晶电视打垮了一大批中国电视企业,极大地夺回了市场。所以,我国企业要做的,不仅是加紧投入,吃下已经进入老年期的产业市场，还需要盯住下一条 S 形曲线，及早参与那里的研发和竞争。

然而，创新总有失败的可能。你所瞄准的下一条 S 形曲线，未必是最终获胜的那条。在显像管电视机被淘汰的过程中，曾有多种不同的技术路径。其中一条是等离子显示技术。我国一家声名显赫的电视机企业曾在技术换代时在等离子技术上投入重金。然而，结果却是液晶显示技术获得了最终胜利。

所以，在投入下一条 S 形曲线的时候，我国企业终究要学会面对创新的不确定性。这对于我国大多数习惯于引进成熟技术的企业来说，将是一个非常艰难的转变。

关于美国工人收入普遍比中国工人高的深层探讨

现在北京市区请个保洁员,包吃包住3000～5000元。到了保定,大部分就是2000～3000元了。

所以,是北京的保洁员比保定的保洁员生产效率高,还是北京的保洁员有工会而保定没有?

既然是市场经济,普通工人的工资自然主要由供求关系决定。

从雇员的角度来看,受雇于一家企业是有成本的。这种成本,包括可以计量的房租、交通、餐饮,以及可能的买房、教育、医疗等成本,也包括不太容易计量的成本,比如个人安全、个人健康、婚恋/家庭(比如海员常年出海,这方面就有很大的成本)、业余时间等。

其结果是,雇员向雇主提供劳动时,自己也需要承担很多成本。如果雇员向一个雇主提供劳动的成本太高,就会拒绝向其提供劳动。

当雇主提供的薪资越低，他的选择范围就越窄，低于一定水平的时候，他就雇不到人了。这是第一个规律。

一个封闭环境里，劳动力是有限的。谁出的价钱更高，谁就能获得更优质的劳动力，这相当于一个拍卖场。同样是想要招程序员的雇主，出价最高的，可以招到正规科班毕业的高级人才。出价低的，可能就只能找到培训班出来的转行人员。出价更低的，就只能从其他专业的水平不高的从业者里面找些勉强能够应付差事的人。出价低到一定程度，就吸引不到合格程序员了。因为合格程序员的供给是有限的，他们已经被前面出价高的人招完了。

从雇员的角度来讲，他选择任何一个工作，都要放弃其他的工作机会，这是有机会成本的。绝大多数人都会选择收益最高的工作。这是第二个规律。

雇员受雇时拿到的工资，最低不会低于他为这份工作必须付出的成本。低于这个下限他就不会受雇于这家企业，而会去寻找劳动成本更低的工作。而雇员的工资上限，一般是他在这家企业里能够创造的利润。

所以企业能够为一个雇员付出的成本，与企业的盈利能力密切相关。越是盈利能力强的企业，越是能为雇员开出优厚的条件。二十世纪初，福特公司作为历史上第一次引入五天工作制的公司还同时提供了超乎同侪的高额工资。在那个时代，福特可以算是一流的尖端科技企业，利润惊人。它通过极高的报酬，获取了第一流的工人和第一流的员工士气，迅速扩大生产规模，大大提高了自身的劳动生产率。

至于说雇员的具体工资水平究竟处于前面所说的上限与下限之间的哪个位置，这就由当时当地的劳动力供给水平与需求水平决定了。当然，工会力量、政府政策也有一定的影响。有的朋友以为工会强了、政府政策偏向雇员了，中国工人的工资水平就能追上美国，这是不现实的。这两个要素只能在工资上下限之间调节工资，不能突破这个范围。越靠近下限，愿意来工作的工人就越少，突破下限，工人就不在这里工作了；越靠近上限，企业就越不想在这里经营，突破上限，企业就跑路去其他地方了，或者因为竞争不过当地的同类企业而倒闭了。这是第三个规律。

这三个规律，我觉得就能解释中美工人收入差异的 90%。

我们再回来看看为什么美国工人收入比中国工人高。

如果不考虑美国法定最低工资线，美国工厂能用中国工人的工资雇到工人吗？显然不能。

为什么？

第一，美国工人还有其他更好的选择，他们干些别的事情，也能赚到更多的钱。

第二，美国工人自身的生活成本很高，这里的工作如果不能够满足其生存需要，他们就会迁到其他地方去生活工作。

但这都是最肤浅的解释。

我们要进一步问，相较于中国工人的工资，为什么美国工人还有其他的选择？为什么中国工人没有？

这是因为美国有很多工资更高的岗位，把大量的水平更高的人吸引走了，而又有足够多的中低水平的岗位能够接纳这些工人。中国还没有足够多的工资更高的岗位，大量人员仍然拥堵在中低岗位上。尽管这些年来，中国通过较低的人力成本从美国那里夺取了很多劳动岗位，但上面所说的这个局面并没有发生根本性的变化。

工人工资的提高，有时候并不是要求其所在企业自身要如何如何，而是涉及整个产业界的格局问题。工人不是绑死在企业身上，更不是绑死在工人岗位上。如果产业界能不断产出收入更高的岗位（亦即不断涌现盈利能力强劲的企业，尤其是科技企业），那么很自然，劳动力就能不断被更高工资的岗位吸引走。整个劳动群体，就能向更高工资的方向移动。

过去一个最为好笑的论调是，中国日益增长的工资水平正在削弱中国经济的竞争力。拜托，是中国日益增长的竞争力抬高了中国民众的工资水平好吗？一些盈利能力差的工厂倒闭或者迁入更不发达国家，就是因为他们的盈利水平决定了他们没办法付出更高的工资了，而工人们在中国经济发展的大背景下已经有了更好的去处，所以这些工厂不加工资招不到人了，加了工资又要亏本，只能结束营业。这是中国经济发展的必然结果，有的人却因此说中国经济不行了。

中国工人要追上美国工人的收入，核心在于中国的产业界要不断向上发展，提高技术能力、提高管理能力，形成竞争优势、形成更强的盈利能力。

当然，我们不能忽视的是，中国工人的教育水平总体上仍然低于美国同辈，所以能够胜任的工作仍然有一定的差异。这是中美工人收入差异的其余10%的解释。这需要我们的教育体系不断前进，提高教育水平、提高教育公平性。

但是，偶尔还是有那么一两个人认为，美国工人之所以比中国工人收入高，是因为美国工人生产效率高。

美国工人效率比中国工人高吗？通常是高的。机场里开着扫地车的保洁员，扫地的效率一定高过拿着扫帚的保洁员。但是这种效率差异，是造成双方收入差异的原因吗？不是。

通常情况，恰恰相反。更多地，是因为美国工人工资比中国工人高，所以为了节省成本，美国工厂主更倾向于使用自动化设备，这就造成了美国工人的生产效率更高。

人工成本逐渐攀升，这是自动化改造的最常见的原因。资本的核心趋势是增殖，说白了就是赚更多的钱。如果一件事情，纯人工的成本比自动化要低，那就用纯人工。虽然每个人的效率低，但因为工资低，总成本还是低的。如果人工成本高了，就要考虑自动化，这样虽然一次性投入成本高，但全寿命周期成本低，自动化运行一两年就能把成本赚回来了。几乎所有的自动化改造都要考虑相对于不自动化改造而言多长时间能收回成本。

在自动化改造以后，没有丢掉工作的工人的劳动生产率会上升，他创造的利润也会随之上升。这意味着，工厂能够付给他的这个劳动岗位的工资的上限也会上升。工厂可能会提高工资来获取更好的工人。但是，这个因素是次要的。高人工成本导致自动化改造，这才是主要的。

另外，早年间也许中美工人之间还有文化水平的差异。这可能会造成美国工人组织性更好，能操作更复杂的设备。但如今这个差距越来越小。尤其是对如今中国最好的几千万产业工人而言，他们应该是不输于美国同侪的。

最后要说两句工人运动问题。

有很多人觉得中国工人好像把二十世纪工运的伟大成果都丢光了，不能够与美国工人兄弟一起去和雇主们斗争，因此才使得中国工人收入如此之低。

虽然全球化使得国际商品市场空前统一，但是国际劳动力市场仍然是割裂的。能达到美国工人平均劳动技能水平的中国工人大概比美国工人总数还多，但是中国工人并不能流动到美国去务工。而同时，美国工人的收入水平大大高于中国工人。

这意味着，中国工人和美国工人的利益并不是一致的。如果一个产业从美国移动到了中国，美国工人可能损失1美元，中国工人赚到3元人民币。工人群体也许总体上是亏损的，但中国工人群体赚到了。这和当年发达国家近乎垄断工业生产的年代是截然不同的。那个时代的工人能够联合起来，不代表这个时代的工人也能联合起来。以后工业机器人普及，可能就更没有什么横跨许多国家的国际工运了。因为各国的工人，利益是不一致的。

如今中国工人乃至大量的高收入劳动者都能忍受单休乃至"996"（早上9点上班，晚上9点下班，一周工作6天）的工作节奏，还不是为了收入上升，甘愿接受更差的劳动条件。如果中国经济更加发达，企业为了吸引到更好的人才，就要开出更好的条件，比如"965"，乃至"955"的正常工作节奏，在家工作、正规年假，等等。实际上，很多高端人才是不接受996的。很多创业企业虽然一开始大搞"996"，到后来也不得不向正常的工作节奏靠拢。这并不是因为老板做慈善，而大多是因为招人太难。为什么招人太难？因为还有很多盈利能力更强的企业愿意用更好的条件吸引劳动者。美国一些高科技企业，已经开始试着搞4天工作制了，虽然还未成气候，但也可以看到趋势。

提升物质收入的根本，还是科学技术的提升，就是把饼做大。政治层面、经济层面的斗争，主要还是聚焦于怎样分饼。

汽车工业对国家的战略意义

汽车工业对一个国家来说非常重要，这是因为迄今为止，汽车仍然是大批量生产的民用产品之中最为复杂的一种。

手机虽然是新出现的大批量生产的民用产品，但就其零件数量和制造难度而言，还是远远比不上汽车。虽然商务客机、支线客机、干线客机的复杂度及可靠性要求确实高于汽车，但这些都是商用产品而不是民用产品。也就是说，采购这些飞机的客户通常都是企业而不是个人。商用产品相较于民用产品的特点是生产批量小、可维护性要求相对低、价格相对不敏感。比如2016年空客交付了688架飞机，而波音交付了748架，而同期各大汽车企业生产的汽车数量则以万计。因为生产批量的差异，飞机行业对生产管理水平的要求是没有汽车行业高的，也不要求或无法要求供应链做到本地化。汽车的复杂度与其产量综合起来才造成了其特殊地位。

汽车有数万个零件，设计寿命往往在十年以上，其间要经历风霜雨雪、夏季酷暑和冬季严寒。而作为民用产品，客户又要求维护工作尽可能地简单，可靠性则尽可能地高，成本还要尽可能地低。现代工业的奇迹之一就是能把这么复杂的一个东西做得可靠性如此之高、可维护性如此之好，成本还如此之低。

汽车的这些特点带来了两个重要的后果：

第一，汽车行业对于生产管理有着非常高的要求，能够辐射其他制造行业。

汽车的复杂度和生产效率的要求，带来了现场生产管理、设备管理、仓储管理、供应商管理、物流管理等各个方面的严峻挑战。为了解决这些挑战，汽车行业不得不持续改进生产管理方式。因此，从汽车行业兴起以来，制造业中最先进的管理体系总是首先诞生于汽车行业。从最早的福特公司的大规模流水线生产，到后来的丰田公司的精益生产，这些制造业的最先进的管理理念总是由汽车企业首创，然后才传播到其他行业。

所以，一个国家汽车行业的管理水平，标志着这个国家制造业的最高管理水平。只要一个国家能实实在在地打造一个具备国际竞争力的汽车产业，这个产业就会源源不断地向其他制造业部门输送管理理念、管理制度和管理人才，提升整个国家的制造业水平。

第二，汽车行业对供应链的成本和反应速度有着很高的要求，会引来几乎整条产业链到本地设厂。

汽车行业是个重资产行业，对于库存十分敏感。积压的库存——无论是原材料还是成品——意味着积压的资金。而无论是自有资金的机会成本还是融资带来的资金使用成本，积压资金总之都会产生成本。所以巨大的库存就意味着公司每时每刻都要付出巨额成本，这是企业所不愿意看到的。大部分车厂为了控制库存量，都要求原料、零部件供应商在尽可能近的地方设厂，或者反过来——在尽可能近的地方找到供应商。汽车产业的上游产业几乎囊括所有制造业部门——冶金、电子、化工等。对于一个国家来说，有一个强劲的汽车行业，意味着整条汽车产业供应链、近乎齐备的工业体系都在本地。换句话说，汽车行业的强大与否，基本表明了该国制造业各部门的强大与否。

综合而言，就是说，汽车行业是一个国家制造业软件实力和硬件实力的双重标杆。

从国防的角度讲，一国的工业实力，特别是制造业的实力，很大程度上决定了该国的战争实力。汽车行业本身恰恰标志着一国制造业的实力，所以它也常常是国防力量的一个侧影。

我们来讲一个历史上的案例。

福特发明了大规模流水线生产模式以后，美国其他公司也纷纷效仿。后来福特公司投资英国的时候，试图将这一生产模式引入英国。

第一次科技革命时代，欧洲——特别是英国——领先全球。但是这些国家的制造业不可避免地受到了传统制造业管理体系的影响。

那个时候所谓的传统制造业是指科技革命以前的手工业作坊。其管理体系都是以"计件工资"为核心的。

计件工资制度，只适合简单的加工工序，一则任何人之间生产差异不大，二则非常容易质检。非常适合早期制造业的发展。

但是当福特公司投资英国的时候，传统的计件工资制度已经过时了。以固定生产节拍和计时工资为核心的大规模流水线生产才是当时最先进的制度。一是因为固定生产节拍有利于协调各个零件加工部门。二是因为在制定每个生产节拍长度的时候都考虑了工人的生产动作，使工人能保质保量完成自己的工序。或者说，就算工人想要做得"糙猛快"，那也不可能提高他们的工资，反而有可能因为生产残次品而被扣薪水，所以工人只能扎扎实实按要求来生产。

而计件工资制度则激励了工人往"糙猛快"方向努力。对于汽车这样高度复杂、质检难度很高的产品，其结果就是产品质量低劣，各零件生产部门之间难以协调，反而导致生产效率低下。

英国当时的工厂，管理人员几乎不下生产第一线。经理们从不会去生产车间这种"脏乱差"的地方。车间内部的管理，依靠的是从技术工人里提拔上来的"车间管家"。而技术工人则已经被"计件工资"制度洗脑，难以接受福特的生产体系。这直接导致了大量的劳资矛盾。福特公司最终不得不妥协，开始使用落后低效的传统生产管理体系。

同样，法国、德国、意大利也在很长的时间里没有能接受这种先进的生产管理体系。欧洲的汽车行业一直到二十世纪六十年代才逐渐接受这一制度，到二十世纪七八十年代才逐渐在生产效率上赶上了美国同行。因此欧洲汽车生产商在很长的时间里都难以和美国公司竞争。

反倒是苏联，在大萧条前后从美国引进了整套汽车生产线，很多工人都是一张白纸，比较容易地接受了美国的生产方式。

这一点反映到战争上的结果就是，美国和苏联在战时用大规模流水线生产的管理模式开始迅速生产飞机、坦克以及各种武器。而其他欧洲国家，尤其是德国，仍然处在"高级手工作坊"的生产模式中。这不但导致德国军工生产效率相对较低，也对德国武器装备的设计思路产生了负面影响，很多设计出来的武器一开始并不适合大规模生产。与其他各种原因综合在一起，这造成了一个结果：德国坦克的产量与其工业技术水平并不相称。

所以当我们惊叹于苏联战时坦克产量的时候，我们也应该看到，支撑这一产量的，是源自美国汽车行业的当时世界上最先进的生产管理体系。

而在大规模流水线生产的故乡——福特公司，在战时还以极高的效率造过战斗机、轰炸机。先进生产管理体系带来的影响往往被当时美国工业规模所掩盖，让人以为按照美国的规模，产量这么大都是顺理成章的事。

从这个角度延伸一点，说点题外话。

我发现一个非常有意思的现象。当然样本还太少，只是聊备一说。这个现象就是，每当一个经济强权崛起的时候，它都会产生出当时世界上最先进的一种管理体系。

美国超越欧洲的时候，福特公司在二十世纪二三十年代产出了大规模流水线生产体系。欧洲局限于传统的手工作坊生产方式，长期未能接受美国的先进生产体系，生产效率长期落后于美国。

而日本在挑战美国的时候，丰田于二十世纪五六十年代产生出了精益生产体系。美国局限于传统的大规模流水线生产体系，长期未能接受日本的先进生产体系，生产效率长期落后于日本。

而如今，中国来了。

如今中国面临两大契机，可能会产生更高效率的管理体系。

第一是汽车产业即将发生大洗牌。这是由于电动汽车对燃油汽车的逐步取代，以及自动驾驶汽车的逐步推广。在这个大洗牌期间，中国的汽车行业是不是能够不受传统管理体系的束缚，发展出更高效的生产管理体系呢？我对这一点抱有的希望没有那么大。因为当年丰田生产体系超越福特，是因为日本二十世纪五十年代的市场要求与后来世界市场的要求类似（批量变小、型号变多），而美国当时的市场要求则与后来的市场要求不同。这一点在目前的中国并不完全满足。

第二是互联网和高科技行业的高速发展。现在制造业占经济总量的比例越来越低，而跑在风口浪尖上的是互联网行业。未来可以看到大量的行业革命都与软件有关、与网络有关。单就互联网而言，中国已经逐渐与美国并驾齐驱，甚至在一些领域呈现领先的态势。

互联网行业在中国是个没有被"传统"束缚的新兴行业，加上一些领先的态势，这极有可能导致中国率先产生出一种先进的管理模式，并辐射到其他相关行业去。

中国经济崛起的一大标志，我认为就是这种先进管理模式的诞生。阿里巴巴、腾讯、华为、某个电动车创业公司或者某个互联网创业公司会不会成为历史上福特和丰田那样的里程碑，我觉得是值得长期观察的事情。

PART 3
正在改变的婚姻观与家庭观

  我们处在一个迅速变化的时代。婚恋观念是其中变化尤其剧烈的一个部分。城市的年轻人结婚越来越晚，很多人虽然不抗拒结婚，但可能多少年也没有找到合适的伴侣。有的人想要借助相亲找到伴侣，但总是无法成功。这都是为什么呢？与此同时，对于女性在家庭和社会中的地位，人们也有着相当大的争论。女性婚后是不是应该回归家庭呢？女性是不是真的追求嫁得好就可以了？这都是如今社会争论的重要议题。

如何选择伴侣与猴子掰苞谷问题

如果年轻的你,一腔热血地走向了婚姻,但在后来遇见了更合适的人,你会怎么做?

解决这种两难问题的核心,不是建立一套选择逻辑,而是尽量保证自己不陷入这种尴尬的境地,尽量保证不碰到这种两难问题。

一旦你处于这样一个尴尬的状态了,那么很显然,要么你违背承诺,选择出轨,要么你没有出轨,却一直惦记着这个人。总而言之,是搞得自己生活不怎么愉快。

避免这种状态的方法就是尽可能地保证自己选择的伴侣就是你这一生能碰见的最合适的或者接近最合适的。这个问题其实大致是有正确方法来解决的。

这个问题和著名的"猴子掰苞谷"问题本质上是基本一样的。这个问题是这样的：

猴子走进了玉米地，它只能从入口向出口走一次，不能走回头路。玉米地里的玉米，大小不一，分布随机。在走的过程中，猴子可以随时掰下来一个玉米，但是一旦掰下来了玉米，猴子就不能再掰其他玉米了，必须一直向前走出玉米地。那么，猴子如何保证自己拿到尽量大的玉米？

如果猴子掰玉米太早，可能会在后面的路上发现大得多的玉米。这就如同结婚之后碰见一个更合适的。

如果猴子看花了眼，总觉得后面还有更大的玉米，而一直不掰，就可能错过了大玉米。这可以比拟为一些男生、女生总觉得自己还可以找到更好的，于是一直不愿意走入婚姻，最后错过了最适合自己的人。

那么这个问题怎么解决呢？

数学家经过严谨的分析之后，得到一个策略。那就是，先走过最初的一段玉米地，但不出手。这段玉米地，是作为猴子的参考依据，让猴子能够了解玉米大小的分布情况，然后猴子再做决定。数学上求解的结论是，首先猴子走过前 37% 的玉米地，然后从 37% 的路程点开始，一旦发现一个比之前见过的最大的玉米更大的，或者尺寸十分接近的，就可以果断出手了。这样一来，出手以后你遇到显著更大的玉米的概率就非常低了，同时也可以尽量避免后面遇不到更大的玉米。

如果有 100 根玉米，玉米的大小从 1 一直到 100，位置随机分布。前37个玉米里面没有出现90分以上玉米的概率只有大约2%，90分以上的玉米全在前37个玉米里的概率是0.13%。按前述方法，猴子有极高的概率挑到90分以上的玉米。

返回到结婚这个问题上。首先你不该太早结婚。结婚太早导致的结果就是你在婚后碰到更好伴侣的概率会很大，很容易让自己陷入之前说的那个尴尬的境地，无论如何选择都会让自己不爽。

同时，在独立生活之后的早期，应该尽量扩大交际面，赶紧把你人生之中要见的"37%的玉米"见完。理解了自己的真实需求，熟悉了世界上能与你相配的人群，你自然能够选择非常适合你的一位伴侣。结婚以后你碰到更适合的人的概率就非常低了，而且就算有，大概也不会显著优于你的配偶。那么你就不会陷入尴尬的境地。

等到安定下来结婚以后，尤其是有了孩子以后，认识新朋友并深入交往的机会和时间就越来越少了，认识新朋友的速度肯定比不上一开始独立生活的日子。而且随着时间的推移，认识好伴侣的概率也会越来越低——毕竟来"掰苞米"的"猴子"并不只有你一个，如果"苞米"很好的话，越往后就越可能被其他的"猴子"掰走了，你就没机会了。因此，你在人生后半程碰见合适伴侣的可能性本来就比前面十来年要低得多。如果你先花了几年见到了各式各样的人，再选择一个伴侣，婚后遇到更合适的人的概率就很低。这个伴侣就有很高的概率能够陪你走完一生。

37%这个数字并不重要，它是基于非常多的假设才算出来的，这些假设并不见得与实际的人生相符。这里想说的，是这种生活的方针非常值得借鉴。

从上大学开始，如果刻意在这方面投入时间，你很容易在五年、七年，最多十年时间，见过、交往过足够多的人。然后你就能够找到一个非常适合你的伴侣，安定下来，也就是在 25 到 28 岁结婚。这样既不会因为太迟错过合适的人，也把你结婚以后碰见显著更优的伴侣的概率降到了很低。

当然，在后来的生活中还是要注意，你碰到的人，总是会把好的一面展示出来。而你的伴侣向你展示的，不仅有好的，也有不那么令你满意的一面。两相对比有可能会觉得"野花比家花香"。但只要想明白了"不熟悉的人总有你不知道的缺点"，然后适当下调对那些人的评分就好，这样就不会产生"野花比家花香"的错觉了。

值得注意的是，如存在下面两个问题则会导致这个方法失效。

首先，你有可能并不知道什么样的人是最适合自己的。

这个问题有两个可能的原因。一是，有可能你对自己的需求了解不清，误把一些次要的需求当成是主要需求，而忽视了一些主要需求。这会让你对"玉米"的分数评估错误，把不适合的人当成适合的人，或者把适合的人当成不适合的人。

二是，有可能你对自己在婚恋市场上的定位认识不清，高估或低估了自己的吸引力。这会导致你认为的你的"玉米地"过大或者过小。高估了自己的吸引力，导致你以为一些特别好的伴侣是你能够追求到的，其实你追不到。比方说总有一些一心想嫁给高富帅或者娶个白富美对自己认知不清的人。而低估了自己的吸引力，会导致你觉得自己配不上一些很好的伴侣，从而不敢出手去追求。

这些问题通常会在经历过一些恋爱生活后逐渐减少。

在独立生活早期经历一些恋爱生活还是有好处的。就算没能走到最后，也能更深入地理解自己的需求，理解异性。以后碰到合适的人，也就更容易成功。

第二个有可能会让前面说的方法失效的问题就是，你的特性可能会变化。这会导致最适合你的人也发生变化。

古人有句很毒的话，叫作"贵易交，富易妻"。说白了就是地位高了，老朋友互相帮不上忙了、玩不到一块去了，就可能会换一拨朋友。有钱了，就看不上年老色衰的老婆了，想要换个年轻老婆了。如今不只是老公发达了有可能看不上老婆，老婆发达了也可能看不上老公。

（当然，东汉皇帝刘秀与大臣宋弘的那个有关"贵易交，富易妻"的故事里，宋弘用"贫贱之交不可忘，糟糠之妻不下堂"拒绝了刘秀做媒。）

如果你自身的潜能很大、野心很大，未来有可能有一个非常大的成长。那么你现在选择的非常合适的伴侣，有可能未来就不那么合适了。但是很显然，你在自身潜能没有释放之前，吸引力也是有限的，你不可能按照未来发达了以后的情况来选择伴侣。在这种情况下，你需要选择的，是一个与你类似，有着巨大潜能的伴侣。如此一来你们可以一起成长,始终非常适合对方。

　　反过来,如果你因某种原因未来会下降而不是上升,那么一步到位选一个你未来非常合适的伴侣倒是可以办到的。

为什么很多适龄青年都不想结婚了？

在当代都市里，一个人也可以过得很好。

在过去没有洗衣机的年代，周日这一天基本上就是收拾房子加洗衣服了。去餐馆吃饭是一周一次、一月一次甚至一年一次才有的奢侈活动。

一个人给两个人做饭的时间大大小于两个人分别给自己做饭的时间之和。一个人给两个人洗衣服的时间也小于两个人分别给自己洗衣服的时间之和。很多其他事情都类似。

因此，结婚可以提高劳动效率、节省时间，大大提高两个人的生活质量。

现在则不同了。吃饭可以下馆子，洗衣服有洗衣机、洗衣房，打扫房间也可以请专业的保洁公司，再加上如今越来越开放的性观念所导致的社会伦理变化，结婚对生活质量的提高是越来越有限了。越是高收入人群越是如此。

而且，人和人的口味毕竟不同，原来想去哪里玩可以说走就走，想吃什么可以立刻去吃，吃喝玩乐也不必避讳异性。一旦结为情侣，这种自由立刻就失去了大半。需要考虑的因素立刻就多了起来。在结为情侣乃至结婚的过程中，你需要放弃一部分自由，时常做出妥协。所以不管从长远来看是不是收益更多，对于越来越多的人来说，在结成情侣或夫妇的短期之内，生活质量可能反而是下降的。要让人能接受这种下降，就需要理由。

在过去，只要对方没有什么不好，大概就足够了。交际圈子不大，选择也不多，物质生活、精神生活也不丰富，既然对方没什么不好，两相结合损失不大，而婚后又能提升生活质量，何乐而不为呢？而如今，结婚要放弃一部分眼前的自由和其他的利益，而收益却不那么显著，或者是在时间上相对遥远（比如子嗣），那么当寻找情侣的时候，"对方没什么不好"就不够了，甚至"对方其实各方面都挺好"也不够了。

这时候，人们就不自觉地要求对方有某种让自己甘愿放弃部分自由和其他利益的特质，一种让自己欣喜和重视的闪光点。而这，即便不说是困难的，概率也是很低的。越是优秀、越是财务自由的人，能够打动他们的闪光点就越是稀缺。很多人甚至不知道自己会对什么样的闪光点感兴趣。这就是大家常听到的分手理由——"没有感觉"。也说不上对方哪里不好，说不出对方哪里不合心意，总之就是没有心动的感觉。其实，是对方缺乏一个让自己甘愿放弃单身生活的闪光点。

如此一来，结婚脚步自然就推迟了。

这也意味着如今的社会比以往更要求把爱情作为婚姻的先决条件。

为什么东方出现一夫多妻制而西方没有？

这有很多的解释。我看到的一种解释是这样的（不能保证准确，只能聊备一说）。

一夫多妻制（本文中泛指一夫多妻、一夫一妻多妾、一夫多妻多妾等制度）的根本目的在于要保证家族男丁的兴旺。这是因为传统男权社会，一旦家族没有足够的男性子嗣，其财产将并入其他家族，或散没。在古代技术条件下，一夫一妻很容易导致没有男性继承人，甚至绝嗣。越是有产者，这带来的损失越大，但也越有能力一夫多妻。

因此，在传统男权社会和私有财产原则之下，一夫多妻是一种自然而然的发展。

那么为什么一些欧洲国家没有这种结果呢？

实际上欧洲早期也有一夫多妻制。一夫一妻制是宗教带来的结果。

虽然早期也有，但一夫一妻制在西欧完全确立，还是离不开基督教的长久努力。那么，为什么基督教会产生这种倾向？

一种说法是，这种制度除了符合禁欲主义的方向以外，对于天主教会也是有利可图的。

之所以有利，恰恰就是因为一夫一妻容易导致绝嗣的特点。一旦夫妇绝嗣，教会常常会成为他们的精神寄托，甚至是唯一在精神和生活上照顾他们的人。这些人的财产自然而然就会通过遗嘱而流入到教会手中。支持一夫一妻制、支持女性财产权、反对离婚、反对寡妇改嫁给亡夫的亲戚，这些教会的方针其实是一脉相承的，都是把财产持有者往没有继承人的方向引导。（详见 *The Development of the Family and Marriage in Europe*, Jack Goody）

实际上欧洲教会改革之中，很多问题都和财产权密切相关。比如说为什么天主教的神父不能结婚。其实一开始，神职人员都是可以结婚的。之所以后来不再允许结婚，其根本原因在于，古代教会掌握有大量财产，而有子嗣的神职人员总是试图将自己掌握的教会职位和财产交给自己的子女。这就在教会内部形成了大量的腐败、寻租、财产争夺，甚至还有神职人员自己就搞一妻多妾。尤其是很多神职人员的子女并不从事神职，而变成了世俗的大地主。这不但在声誉上对教会是个打击（争夺财产权和纵欲显然不会让教会显得高尚），更是在经济上对教会产生了严重的威胁（所有这些不事生产的神职人员都是需要由教会财产来养活的，如果教会财产被非神职人员继承走了,神职人员吃什么、喝什么呢?)。因此禁欲主义才开始受到教会的重视。

注:相关内容可查阅《西方哲学史》和《政治秩序的起源》,尤其是后者的"Christianity undermines the family"一节,以及第18章"The Church Becomes a State"。

新一代中国女性是否仍被自己的观念束缚？

曾经有人讲，美国妇女显然比中国妇女的地位更高，因为她们想不工作就可以选择不工作。

也有一些网友提到"在我看来，真正的女性自由平等就是女人可以自由地选择自己的生活而不被 judge（评头论足）。选择为事业努力还是嫁个好老公这两者都是个人选择，没有哪种生活更高一档之说。就算后者有不劳而获之嫌，但这毕竟也是她们个人的追求与选择，没什么可以指责的。"

看到宣扬女性自由和两性平等的人居然也持有如此的看法，实在是令人感到悲哀。

因为持有这些观点的人从来没有意识到，他们的观点是自相矛盾的。

"工作生活上被平等对待"和"只要嫁个好老公就可以",是完全矛盾的。只要中国的女性还存在显著比例的认同"只要嫁个好老公就可以",那么中国的女性就很难在工作和生活中被平等对待。

假定你是一个经理,现在你的部门有一个名额可以招一个新人。你面前放着 A 和 B 两份简历。二者的品性之类你都不清楚,但根据社会文化,你可以判断出:

A:各方面都很普通,未婚,有 30% 可能在婚后离职。

B:各方面都很普通,未婚,有 1% 可能在婚后离职。

你会倾向于招聘哪一个呢?

假定你是一个部门主管:你手里的机会和资源总是有限的,你手下有一大堆员工。假如说你手下有这样两个人,如果不考虑亲疏远近,你会把机会给谁?

这两个人水平差不多,其中一个人有 30% 的可能性"找个好配偶然后放弃努力",有 70% 的可能性"努力工作"。另一个大概有 1% 的可能性"找个好配偶然后放弃努力",有 99% 的可能性"努力工作"。

绝大多数主管都会选择把资源给第二个人。因为第二个人在获得资源以后,在工作能力提高以后更可能继续努力工作,而不是找个好配偶就放弃了。

只要社会里有显著比例的女性认为"只要嫁个好老公就可以不用努力工作""结婚后做个家庭主妇也不错",那么女性在职场竞争中就一定处于劣势。如果女性在职场竞争中处于劣势,那么女性的收入和社会地位都会处于劣势。在如今的社会中，一个群体的社会地位，主要由其经济地位决定。这个冷酷的原理并不能因为人间的温情而发生变化。

如果一个群体中有显著的比例主动放弃对经济地位的追求，那么其社会地位也不会有多高。如此一来，自然在工作和生活中就不可能被平等对待。这还不必提社会中已有的偏见，以及各国政府都希望克服的十月怀胎对女性在职场竞争中的不利影响（有些国家在通过同时给予男性和女性相同长度的产假来消弭男女之间的这种差异）。

所以如果你是个女权主义者，支持男女平等，就不要认为女性能够享受那种在"努力工作"和"嫁个好老公"之间的自由选择。要想男女在工作和生活中平等，只有将"嫁个好老公就可以了"变得和"吃软饭"一样，使之成为一种社会上整体鄙夷的行为。否则就算大家都相信男女平等，在工作和生活中仅仅出于最基本的成本收益分析也不可能真正平等对待女性。

这里必须说明的是，"嫁个好老公"和"努力做全职家庭主妇"是完全不同的两件事。很多人把这两者混为一谈，然后以"喜欢家庭""为家庭投入"来为前者正名。其实这完全是两件事情。

是否真正需要全职在家，是在结婚生子后根据实际收入情况和生活压力才能决定的，而不是预先就能确定"我的目标就是找个好男人然后做家庭主妇"。后者这种思维，其核心并不在于愿意更多地维护家庭，而在于不愿意参与社会竞争。"努力工作"和"嫁个好老公"，两者不是对等的。"努力工作"和"努力做个全职主妇／煮夫"才是对等的。如果没有"嫁个好老公"就可以不必参与社会竞争的想法，其实嫁不嫁好老公都可以选择努力做事业，也可以选择努力做个全职主妇。之所以现在"努力做事业"和"嫁个好老公"是对立的，是因为后者带有隐含的意思：找个好老公就可以退出社会竞争享清福了。

而"努力做个全职主妇／煮夫"则是一种事业。事业就要求不断学习、不断提高。"努力做个全职主妇／煮夫"，就要在婚后不断学习烹饪、儿童心理学、教育学、家庭急救、基本医疗、插花、园艺、收纳。有几个"嫁个好老公／吃软饭"真正做到了呢？当孩子都上学走了以后，家庭负担轻了，没必要全职在家了。如果打算比较公平地分摊生活压力，那么自己也要重新进入社会就职。有多少"嫁个好老公／吃软饭"的人会为此做准备呢？

还有人说，还有一种解决方案就是不要去评判他人，要让社会普遍接受"嫁个好老公"和"吃软饭"的行为。这样让男性也能够选择"找个好老婆来吃软饭"。如此一来，男女的努力工作的比例就拉平了。

这种思路的问题在于，"嫁个好老公（从而回避社会竞争）"本身是一种自居弱势的行为，放弃了自己的经济地位，在人身上形成依附关系。如前所述，一旦经济上居于劣势地位，社会地位也会随之处于劣势。

另一方面，未来社会是一个婚姻关系逐渐弱化、两性都会越来越自立的社会。同时，由于技术的发展以及社会服务的完善，过去很多只有家庭主妇/煮夫才会做或者能做好的事情，以后会越来越多地被专业的服务人员或自动化家电完成。家庭主妇/煮夫的必要性也会不断下降。

究竟是否需要全职在家，男女双方谁全职在家，取决于双方的收入、时间安排、替代方案的成本。这往往是在怀孕/生孩子以后才会根据实际情况决定的。全职在家，实际上是做出个人牺牲：交际圈很容易急剧缩小；因为没有收入，花钱就要受到更大的制约；未来再就业也会面临很大的困难，事业发展停滞甚至倒退。如果替代方案的成本比较低，全职在家实际上反而会增加家庭的生活压力。所以这不应该是一个在婚前就可以确定的事情。

大量女性婚后回归家庭是好是坏？

大量妇女婚后"回归家庭"是一种极其可悲的文化。

首先，这是一种自我加强的文化体系。

大量妇女婚后"回归家庭"—雇主不愿意栽培女性，因为女性婚后有很大可能性会离职—女性事业发展普遍受限—女性放弃事业的成本更低—男性获得的机会更多—家庭更倾向于男工作女持家的模式—大量妇女婚后"回归家庭"。

更进一步地，还有遏制妇女教育水平的循环：

大量妇女婚后"回归家庭"—雇主不愿意栽培女性，因为女性婚后有很大可能性会离职—妇女获得高等学位就没有太大必要—妇女不愿意去读高等学位—妇女的学位普遍偏低—雇主更不愿意栽培女性—女性事业发展普遍受限—女性放弃事业的成本更低—男性获得的机会更多——家庭更倾向于男工作女持家的模式——大量妇女婚后"回归家庭"。

当一个家庭内部压力比较大,需要有人全职在家的时候,为什么要女性"回归家庭"而不是要男性"回归家庭"?

从经济角度讲,是因为通常男性收入比女性高。但在一些社会里,这已经成为一种僵化的思潮,以至于即便女性收入比男性高,也要女性"回归家庭"。

那么为什么男性收入比女性高?其实要求女性回归家庭,正是女性平均工资比男性低的罪魁祸首之一。

以女性婚后"回归家庭"为常态的社会,不但是在浪费庞大的人力资本,更是在不断自我增强这种不公平的社会文化和运行模式。所谓"回归家庭",不过是给"两性不平等之下女性不得不放弃工作"找个好听的名字罢了。

不但女性不能按照自己的兴趣来安排事业和生活,男性也可能被整个家庭的重负压得抬不起头。女性"回归家庭"能确保让家庭更美好吗?日本还不是陷入了严重的少子化和不婚主义吗?常常老公一退休就变成了家里不必要的人。这种日本家庭还有什么令人羡慕的呢?更何况,日本还弥漫着一种"女性不化妆就是失礼"的诡异文化,一位女性出行的时候如果没化妆,别人就以为她是生病了。这种病态的对于女性的苛求,与"回归家庭"的文化应该是同源的。

认为女性"回归家庭"就能让家庭更美好,不过是自欺欺人罢了。

到底婚后需不需要有人全职在家、由谁全职在家、全职在家几年，这都是应该根据家庭财务情况、工作负担、夫妻各自事业发展前景等诸多问题进行综合考虑才能得出结论的。一个正常的社会绝不应该鼓励，甚至不应该容忍那种"女性婚后要'回归家庭'"的思路。

这不但会造成整个社会对女性的不公平对待，更会浪费大量的劳动力和知识，延缓整个社会的发展。

有一种论调说，别看妇女在家，那也是创造价值的啊。每年可以换算成×××日元/美元的价值/GDP呢。

我们不妨这么说吧，从工业革命开始，人类社会的发展方向就是社会大分工，劳动不断细分。这是因为一个人干一项工作越久，就越精通，效率就越高，水平就越高。

家庭妇女是违背社会大分工的一种职业。它把本可以交由社会分工而高效完成的工作强制交给无数零散的、很难组织的劳动者来完成。这些劳动者之间竞争很小，提高劳动水平的压力也小。整体上讲，家庭妇女劳动水平的发展远远跟不上社会本身的发展。

常有人讲，如果妻子出去工作，收入4000块，而雇个人来带孩子、扫地、做饭却也要3000块，那么何必呢？对家庭不就没有意义了吗？还有人可能会说：你这不就是A太太到B家带孩子收钱，B太太到A家带孩子收钱吗？

社会化大分工不是我给你做饭同时你给我做饭，是擅长做饭的人给更多的人做饭，把不擅长做饭的人的时间解放出来做他自己擅长做的事情。

一个专业带孩子的人,这辈子可以带几十个孩子。他的经验积累和劳动能力,显然会比平均水平的家庭妇女要高。而且一旦这种劳动交给社会来完成,就会产生竞争。竞争就会导致水平的提高。这最终会带来整个社会的抚养水平的提高。

家庭妇女每天花大量时间准备一日三餐。这和社会化生产的一日三餐有什么区别?是的,也许社会化生产的餐饮在营养配比上面不如一个优秀的家庭妇女做得好,但是只要有足够的社会需求,就会出现相应的产品,然后就有了竞争和持续改善。一个人除了个人兴趣之外,真正应该做的是在自己最擅长的方面为社会提供产品,然后通过换取的报酬再去买别人提供的产品。如此的商品交换才能不断提高一个社会在各方面的生产效率,让所有人的生活都更好、更舒适。

那么,一个家庭妇女有多少劳动是重复性的、可被社会化大分工取代的劳动呢?洗衣服、打扫房间、做饭,甚至大部分照顾孩子吃喝拉撒的工作其实都是可以被替代的。只有和孩子感情、知识、教育交流是绝对必要的,而这些必要的工作其实并不见得需要全职才能完成。随着时间的推移,全职在家的必要性会越来越低。

除此之外,还有人说家庭妇女本身就是创造就业。

这和几十年前一些国企大量冗员所创造的"就业"又有什么区别?

商业上有句名言:十个人能做的工作,非要搞十一个人来做,这结果不是减少了一个失业者,而是十一个人都要失业。

对于一个国家、一个社会，也是一样的道理。

宣扬妇女婚后要"回归家庭"，这是违背工业革命以来人类社会发展的趋势，遏制了能够把人们从重复性的家庭劳动中解脱出来的产业成长。这种社会的发展速度、竞争力、文化等方面都会受到负面影响。国际上的经济竞争无时无刻不在推进，这样的"冗员"带来的结果是整个社会都要付出代价。

另一个说法是：母亲在家对儿童的成长很重要，而且母亲怀孕的时候、哺乳的时候，自然需要在家。

我国有带薪产假，用于满足母亲生育的需要。产期后，也有简单的手段可以抽取、保存、加热母乳。哺乳并不意味着母亲一定要全职在家。而且难道父亲对儿童成长不重要？为什么不应该父亲回家呢？

在父母及家人之间合理的分工之下，加上一定的社会化服务的辅助，一般并不需要有谁连续很多年全职在家。除了产假之外夫妻两人都保持工作，也并不少见。

此外，我们应该积极推行父母都放产假。现在卫生和营养条件也足够好了，大部分情况下母亲并不需要在家休养好几个月。大部分产假的时间其实都是用来照顾孩子。没有道理说只有母亲有照顾孩子的职责。两人都放产假，一方面可以在就业上变得更公平——如今有很多企业出于成本收益考量并不愿意招收近期可能会生孩子的女性，另一方面也能更好地照料孩子。

当然，也有一些低收入家庭，实在是条件不足，负担不起相关的服务和工具。在这一点上,就需要政府的介入。美国奥巴马政府曾经提出的补贴日托的方案,虽然短期内不可能被美国国会通过,但是却非常有启示意义。把低收入家庭妇女从照顾孩子之中解脱出来,送她们去工作,这也是解决底层贫困和促进相关产业发展的一种有效手段。

总而言之,这些问题的良好解决方案绝不是让妇女回家,而是夫妻之间更好地分摊家务劳动,是鼓励新的初创企业为相关问题提供良好的服务和自动化产品。

我不觉得相亲是一个好的找伴侣的模式

相亲是寻找伴侣的一种方式,但我不觉得相亲是一个好的找伴侣的模式。

我自己也相过几次亲。我的感受是,相亲的时候,整个人的思维模式是扭曲的。

相亲的时候,你几乎是被迫地要迅速做出决定:要不要和这个人谈恋爱。

谈恋爱是一个排他的过程。同时和两个或两个以上的人谈恋爱是不道德的。

如果在相亲见面之后继续交往,那么除非事先说明,常常会默认进入谈恋爱状态。与此同时,很显然你不能再去相亲或与其他异性深入交往,但这时你偏偏还没有深入了解相亲对象。

如果你继续和相亲对象相处下去,你要花费大量的时间和精力来确定你们到底合不合适。如果你不和他交往,在同样一段时间里你还可以与其他异性接触。相亲要求你为了深入了解一个人而快速放弃深入了解其他人的机会。所以,机会成本是巨大的。

那么,除非你前一两次见面的时候,就能从对方身上发现巨大的闪光点,否则巨大的机会成本压力下,心态就会失衡,倾向于快速找出否定对方的理由。

很常见的一种情况是,你会迅速了解相亲对象的各个方面,然后因为其中某个方面不符合你预设的择偶标准就把对方否决掉。

介绍人常常会很奇怪,为什么你这么快就把对方否决掉了。你通常可以说出很多理由,而且就算再没有理由,也可以使用万能答案——"没有感觉"。其实呢,虽然不排除相亲对象是有某些明显的问题,但往往是因为你觉得对方短时间展示出来的特性不值得你为他支付这么高的机会成本。

而你用以否定相亲对象的择偶标准真的很重要吗?真的是一票否决吗?大多数时候也不尽然。只不过那些更重要的特质,比如理性、知识、脾气、情趣,往往需要相对长时间的相处才能显现出来。当这些方面对了你的胃口以后,那些表面上的择偶标准往往没那么重要。

所以,很多时候我们会碰到这么一种情况:B给A介绍了一个相亲对象,A把相亲对象否决了,并告诉B说是因为相亲对象不能满足他的某一条择偶标准。但是过了一阵子,A自己找了个男/女朋友,而那个人同样不能满足之前的那条择偶标准。

这也就能够理解,为什么很多人相亲都要迅速去打听对方的"硬条件",因为硬条件是能够最快速了解以及可证实的特性。这很容易被用来否决一个相亲对象。其实这些硬条件多数并没有重要到一票否决的程度。

相亲中这种心态导致成功率越发低下。

我觉得正确的思路还是先从朋友做起,先看一看能不能玩到一起去,能不能安然相处,有没有价值观矛盾。能做朋友的人,才值得成为伴侣。如果连朋友都做不了,就算成了伴侣也容易崩。

所以,比较好的寻找婚姻伴侣的思路,我觉得是尽量扩大交际面,组织或者参与各种各样的社交活动。这里所说的社交活动并不指那些课程、讲座之类的单方面输入的活动,而是参与者之间能够有很多交流、互动机会的活动。

如果因为平时业余时间太少而不得不通过相亲来寻找伴侣,建议从尝试做朋友开始,而不是以正式交往开始,这样会轻松许多,成功率大概也会高不少。

青春不一定必须有爱情

我国电影行业令我非常不满的一点在于，所谓的"青春片"基本上都是以爱情为主题，内容脱不开恋爱、劈腿和堕胎，少不了绝症、猝死和车祸，狗血都要洒到天上去了。仿佛只有爱情才算青春，不撕心裂肺、分几次手、说几回"我们再也回不去了"，就不算青春。

什么是青春？

我觉得青春就是年纪没有大到需要承担许多责任、受到许多限制，而年纪又已经大到能够做一些严肃、复杂的事情的时候。

这个时候，能做的可不只有恋爱。

我觉得青春就是趁还没有那么多生活的重担压在肩上的时候尽情地奔跑，去学习、去创造、去拼搏、去进取。在那个年纪，你不必想得太多，你的思维可以非常纯粹、非常聚焦，那是后来年纪大了以后无法再奢求的一种体验。

我的青春是在中学课堂上写小说,虽然写得让人不忍卒读但我却自得其乐。

我的青春是在数学建模竞赛之中夜里写程序,写到一半,喝着咖啡溜达出来和其他队的同学聊聊天。

我的青春是在做机器人编程,半夜散场以后几个人去沙县小吃来碗馄饨、来笼蒸饺。

至于说青春之中所追求的一定要是爱情吗?我觉得不一定。

当我回忆我的青春时,我总是回忆起那些专注之后愉悦的放松,那些拼尽全力但折戟沉沙的苦闷,那些充满幻想而发奋向上的努力。那是一段无忧无虑、自由追求的时光。虽然不能说成年之后就不如那时,但当责任压在肩上,当我不得不做出取舍放弃一些兴趣的时候,总还是会短暂地怀念一下往昔的亮色。

我是如何找老婆的

这个世界最有意思的地方,就在于不可预料。

比如说,我作为一个主要解读政治、经济、历史、社会问题的机器人/控制领域的人,目前最受到肯定的解答却是与感情相关的问题。

我因前面发表的"现在很多适龄青年都不想结婚了吗?为什么?"这种问题的答案,然后找到了另一半。

我在写那篇文章的时候其实也在反思我自己会看中的闪光点到底是什么样子。

首先,聪明很重要。我自己其实智商一般,所以特别欣赏知识上优秀的人。聪明的人处理生活问题和情绪问题也会更为顺畅。玩桌游的时候,智商高的人第一次玩一款桌游多半就能抓住游戏胜负的重点,在第一局之中就推理出获胜的方法并付诸实践。我有几个朋友就是这样，这令我非常佩服。而且我这个人早些年有两个毛病，一个是好为人师，另一个是对愚钝的人缺乏耐心，近年来好转了一些，但还是会偶尔发作，如果另一半比我聪明，这些就不是问题了。

其次，读书、选书的眼光。我自己养成读书的习惯是比较晚的事情，但是很快就发现读书带来的巨大好处。能够读书，意味着能够终生学习。当然，这并不意味着随便读什么书都有成长，世间不值一读的书有很多，所以选书的眼光也是要有的。这两点都能具备，那么这个人就不会是无趣的人。她能够发展出自己的兴趣、自己的新技能，她会不断增加自己的深度。人常说，一个人就像一本书，读完了，可能就会被放在书架上。只有一本不断变厚的书，才会让人一直读下去，迷恋一辈子不放手。

再次，爱笑。爱笑的人幽默感都很好。我这个人和陌生人在一起可能会显得比较高冷，但实际上骨子里很爱逗趣，开玩笑是生活必需品。所以我很享受"我扔一个梗过去，她能接住，然后又顺手扔一个梗回来"这种感觉。生活还是需要调剂的嘛。

又次，有自己的事业。我希望她有自己的事业，有自己的事业，才有自己的不断扩大的交际圈，才有更多的乐趣和成就感。

最后，运动、健身。我曾经以为这个不是特别重要，但是我自己有几年不太运动，发现工作精力下降了很多，做了很多错误的决策，身体也不是很好，所以现在觉得运动、健身确实是很重要。

所以，说白了，我不需要一个洗衣做饭扫地的仆人，我需要的是一个棋逢对手的伴侣，一个不断成长的有意思的知己。

当我回头看的时候，我发现过去我写过的所有的小说，女主角都很厉害，有些时候比男主角厉害得多。大概也是潜意识的反映。

不过呢，我也反思了一下，我的要求这么多，大概能满足这些要求的人也未必能看得上我吧。

2016年1月14日的晚上，我和几个朋友一起聚会，聊到了相亲的话题。回家就写了那个答案，写完都到15日凌晨了。随手就发了。

结果，下午三点多有个妹子来和我说话了……

她是之前一个师弟介绍认识的，曾经因为技术上的事情聊过几次。当时她在上海，我在深圳，所以并没有想过和她交往。

结果从这一天开始，聊的就越来越多了。到春节的时候，基本上天天都要聊上几个小时。

她非常聪明，三年半就拿到了斯坦福的博士，发表的论文足够她拿到杰出研究学者绿卡。她读很有意思的书，有自己独立的见解，讨论起问题来也是你来我往。她爱笑，也很有幽默感。她有自己的事业，尽管有些不合兴趣而想要换一个方向。她也经常运动。

我知道我太喜欢这个姑娘了。于是我找了一个周末佯装去上海出差，约她见了第一次面。她符合我对她所有的想象，甚至比那还好。

然后……我在微信上表白了……

是的，我知道这看起来很蠢，而且必须要声明的是我本来的计划也完全不是这样，那完全是一时冲动。

而计划，大概也永远不会像这样完满。

这并不是一个容易的决定，毕竟我们中间是 1500 千米的距离。但是她还是决定要试一试。

于是我们俩就不停地飞来飞去，充分体会了南方沿海地区雨季的准点率——推迟两个小时以内简直是奇迹。

我记得那个时候我专门记下了从深圳到上海的最早和最晚的航班，预备着也许有一天她得了病或者遭遇了意外，我能够保证赶到她的身边。然而幸好，这并没有派上用场。

后来她辞职来到了深圳，但还没等她找好工作，我又要离开深圳的公司，到北京和几个朋友创建一家公司。

于是我们一起搬家到北京。

飞往北京的那一次，是我有史以来最累的一次行程。到了机场，发现北京有雷暴，飞机无法降落，所以全面延误。所有人都被拉去了宾馆。到了十二点多，被从宾馆拉到飞机场，又安检、上飞机。结果在飞机上坐了一两个小时，还是无法起飞，又被拉回宾馆。到了五六点钟，再次被拉回飞机场，总算是起飞了。

但是我心底又十分高兴，因为似乎深圳只是一个序幕，而我们在一起的生活，才真正开始。

我到北京创业，公司是"996"的节奏，相当忙。目睹了我的辛苦操劳之后，她毅然决定……

找一个比我还忙的工作，从而避免单独在家而不得不承担更多的家务。

于是我们基本上晚上九点多一起下班走路回家，聊一路各自的工作、同事、见闻，分享成功的喜悦和挫折的苦闷。

我们其实也有着相当不同的方面。她有着学霸那种特有的计划性、自制力和执行力，不过又可能焦虑。而我，就比较懒散，有时会因为拖延症晚期造成的后果而悔恨。我倒是很喜欢她那样，因为她是我拖延症的克星。但是她的话……可能因为我而焦虑得更多了……这个真是我必须补偿她的地方啊。

到第 240 天的时候，我拿出了一枚镶着碳结晶的戒指，说了一段结结巴巴的话，问了一个问题。她说她愿意。但是过了一会儿，她又觉得怎么这么简单就把自己"卖了"……

"你不是还号称写过小说吗？这无限接近于零的文采是怎么回事？重来一遍！"

"好的大王，遵命大王。"

世界就是这样不可预料，但是这也是它的魅力所在。

PART 4
致我们的小成长

我们什么时候会成长？我觉得，只有增长了对于这个世界背后规律的认识，才能算得上是成长。这里想要分享的，是一些我的小成长。在我的经历之中，我曾经花费了很多时间在网上和别人争论，之后终于明白了一些讨论的方法。后来也逐渐明白了勤奋为何是更值得褒奖的品质。成年人之间，单纯讲对错，常常无法解决问题，具有最大推动力的往往只有利益。我还注意到，有时候自嘲一下，很容易就能让气氛变得融洽。这些小小的经验，希望能与你分享。

总而言之，思考、规划、应用方法，是成功的关键。

能看出问题,不代表你很厉害

有一阵子我老婆对我的聊天方式非常不满。

如果她给我讲她读到的一篇文章,我经常会在她讲了一小部分之后就开始挑毛病。对于这篇文章的主旨,我还没有了解,但我听到了一个不太对的观点/论据,就会急匆匆地发表意见。这让我老婆非常恼火。

她最后终于忍不住了,就对我说:"能看出这些问题,并不代表你很厉害。连主题都没听清呢,瞎评论个啥?"

"杠精思维"

我上小学的时候,有一阵子是个挺烦人的小破孩,老喜欢琢磨一些小问题去问同学(比如:一个人现在20周岁了,不算他出生那次,他可能经历过几次生日）。对方答错了，我就很开心地把答案告诉他，产生一种智商上的优越感。最后被我一个好朋友狠狠地吐槽了，我才停止了这种愚蠢的行为。

后来在网上和别人辩论得多了，就容易产生一种杠精思维。就是看别人写的东西，稍微看到一些有问题的部分，就会嘲笑作者写得有问题。尽管在写反驳文章的时候我仍然会聚焦于讨论的主旨，但一旦和别人随意地聊起天来，这种杠精思维就原形毕露了。

其实说白了，杠精思维和我小学的时候喜欢用小问题刁难别人一样，都是为了获得一种"智商上的优越感"，是一种极端自大的表现。

"你看，我随随便便就挑出了你的毛病，岂不是说明我比你高明得多吗？"

不仅是在生活中、网络上，在企业经营中这样的思维也比比皆是。当看到竞品或者新的竞争者的时候，很多人会很自然地寻找这些新威胁的弱点。然后因为这些缺陷，轻易地把竞品或者新的竞争者当作无关紧要的东西。有一些企业家、管理者就因为这样轻视了对手，而没有在对手发展的早期做出应对，最终饮恨商业战场。

能看出问题，不代表你很厉害

没有什么东西是十全十美的。看出事物的一些问题，尤其是自以为是的"问题"，一点儿都不难。如果认为"能看出问题来"就说明"自己比相关的人更高明"，那么出租车司机们早就已经转行做企业高管或者国家领导人了。

没有哪个成功的大企业不曾被人非议过。还记得在2015年前后我就看到过很多对于大疆创新内部管理的吐槽。大批人都在说大疆这里有问题、那里有问题，一派行将就木的样子，但这并没有阻碍大疆后来一路势如破竹。

不只是企业，国家也是一样。从二十世纪八十年代开始，连续三十多年都有人不断指出中国社会存在着极大的问题，行将崩溃。2001年美国律师章家敦像模像样地写了一本《中国即将崩溃》，里面列数中国社会存在的重大结构性隐患，说中国最快五年，最迟十年，必然会崩溃。当年一时被捧为美国各大电视台和论坛活动的贵宾，如今却已成为笑话。

所有的事物都会存在毛病，越复杂的东西，越是如此。仅仅看出一些问题，并不意味着你已经掌握了这个事物运行的核心逻辑，也不意味着你看到了它的主流趋势。这个事物究竟是好是坏，究竟是会继续成长还是会走下坡路，并不能简单地通过一些毛病来判定。

其实，正如优秀的美食家，做起饭来可能完全不敌入门级厨师；一个评论起足球来头头是道的观众，一旦上场和他鄙视的球队对阵，可能根本连球都碰不到；一个把电影评论得头头是道的影评人，当了导演可能拍出来的片子还不如自己鄙视的那些片子。看出毛病，和自己相关的工作水平是毫无关系的。

所以，看出一些毛病，不一定是很难的事情，我们不应该允许自己沉浸在"杠精思维"里面，沉醉于极其肤浅的"智商上的优越感"。

看待事物，还是要抓住主要矛盾、主要趋势，这样才能正确理解它们。

看待事物的三个层次

我发现看待事物存在三个层次。

第一个层次是"哪里都好"。

我一开始对一类事物并不了解，自己挑不出毛病来，就会觉得这个事物各个方面都很好。小时候可能以为父母无所不知、老师说的都对。二三十年前，出国的人比较少，大多数的人都觉得"外国的月亮比较圆"，发达国家哪里都好，挑不出毛病来，简直是人间天堂。这都是因为我们学识、历练不足，实在是对有些东西毫无了解。

但是随着我们的成长，我们逐渐可以看出一些问题来了。这就会进入第二个层次——"轻易否定"。

在这个阶段，我们对事物的理解已经有所提高，能够看到事物的一些弱点、毛病。我们很容易以为这些是具有代表性的，以为自己既然能看出这些问题，当然说明自己比这些事物的作者、设计师、管理人员、主创团队的水平要高，于是产生一种虚妄的优越感。

而且随着我们自身水平的提高，我们确实可以看出越来越多的问题。这常常会让我们误以为"看出的问题越多"等价于"自身水平越高"。其实这个推理是不成立的（一个命题只能推导出它的逆否命题，这是高中知识）。

大多数人，很容易走到这一步就停止了。只有拥有更多的历练和反省之后才能进入到第三个层次——"抓住主线"。

在这个层次，我们一样能看到事物的很多问题。但我们能够理解，这些表面上的问题并不能决定事物本身的好坏。我们需要深入理解它，抓住它的主线、主要趋势、主要观点、主要运行机理，等等。这些才是决定了这个事物本身好坏的核心。

看一篇文章，不要看到一个自己不同意的观点、论证就急吼吼地将它否定。这篇文章的主旨是什么，主旨说得有没有道理，是不是有什么可以借鉴的。这才是读一篇文章最应该抓住的东西。

看一家公司，不要看到有的 HR 的一些做法失当、创始人言辞不妥，就急吼吼地认定这家公司要完蛋。这家公司的战略是什么样的、盈利情况如何、人员结构和流失率如何？拥有了这些信息，才可能对这家公司有更完整的判断。

竞品也许存在显而易见的毛病，但真的没有什么可以借鉴的吗？它真的对客户的吸引力不如你的产品吗？这些毛病真的那么重要吗？这些思考才是应对竞争时应该做的。急匆匆地否定竞品，不过是知识上的偷懒。

抓住主线，抓住核心，才能避免被显而易见的毛病遮住眼睛。

这是我自己特别需要注意的，在此与大家共勉。

怎样科学地理财？

在北京，事业初期，月入 10k，我觉得首先需要做的不是理财。

这个时期，要做的第一件事，是做人生的规划。

你必须首先想明白你想要什么：你十年以后、二十年以后想要在哪里，过什么样的生活。

只有确定了人生的目标，才能确定自己的财务目标。

比方说，你的目标是在北京扎根。那你这个阶段完全不必考虑什么理财，甚至在必要的应急储备资金之外都不要考虑存钱。你这个阶段能存下来的钱（每月几千块），相对于你未来所需要的钱（买房所需的几百、上千万）实在是太微不足道了。如果你的目标是这个，你的钱应该用来找各种途径提高自身水平，结交本行业的大牛，建立广泛的社交弱联系，学习必要的方法技能。如果行业收入不高，还要积极考虑跳槽转行。这是高风险高回报的打法。即便这样也不见得最终就能成功，但也已经是成功概率最高的路径了。

但如果你的人生目标是攒够钱去三四线城市定居，那么可能你就需要做一个总体的储蓄计划。因为从现在开始，你每个月能攒下来的钱相对于你需要的钱（几十万、一百多万）都不算是微乎其微。在这种情况下，根据需要适当攒钱，可能比把所有资金都投入到自我提高和人脉扩展上要更稳健，也能更快达到你的目标。

但无论如何，你这个阶段都应该更多地考虑工作能力提升和选择有前途的行业／职位，因为这是你现在提高收入的最快速、有效的方案。往最差了说，还可以考虑做做兼职。现阶段你的本金太低，花大量精力去搞投资理财，这效率并不高。

正常无风险理财的年化收益率上限基本在3%～4%。如果你天赋异禀，能够通过自己搞理财达到多年平均15%的收益率（偶尔一年不稀奇，稀奇的是连续多年），那么如果你的投资本金是20万，你比那些极度省事的无风险理财也就是一年多赚2.2万左右，平均一个月多不到两千元。何况刚进职场，你的存款估计也没20万那么多，你的投资能力应该也到不了多年平均15%（能达到这个数字的，就会成为金融公司的抢手人选，月薪也就远不止一万元了）。若按照你现在的收入以及北京的就业市场，你多加学习、自我提高，甚至是做点业余兼职，每月多拿两千元倒不算难。所以，在本金比较少的情况下，理财投资实在意义不大。

其次，是控制自己的消费。与其通过理财来满足消费，不如首先削除过多的消费。

在这个阶段，消费宜采用极简主义方针（参考《怦然心动的整理魔法》），对自己的消费进行深入的审视：

我真的需要这么多衣服吗？

我真的需要这么多化妆品吗？

我真的需要这么频繁地换手机吗？

我真的需要那个精致的小摆件吗？

一万元月收入下，支撑不起奢侈品消费，不如不买。女生很容易在服装、化妆品和包包上浪费很多钱。要攒钱，耐用化妆品（比如口红）可以选好的，消耗较快的化妆品（比如面霜）可以选择平价款型，大牌包包不如不买，手机选择低端型号即可。不要追求高端享受。

如果没有必要，绝对不要借债消费。当月的信用卡账单还不完，这是一个极度危险的信号。这个信号是对你消费方式的严肃警告。更不要说现金贷之类，那都是走向毁灭的道路。

在这个阶段，要么你必须花费大量时间学习、社交，从而没有时间和精力挑选、享用这些奢侈品；要么你因为要储蓄而不能有大量的外出消费时间，从而有大量时间结余，可以研究平价好用的消费品。总而言之，理论上你是可以有效控制自己的消费的。

在这个阶段，有效控制多余的消费，节省下来的钱可以比理财赚到的钱多得多。

再次才涉及理财。当你能攒下来钱了，才能谈得上理财。

很多人在理财上有非常错误的想法。在这个阶段，你首先应该拒绝所有高风险的投资方式。高风险投资一般都需要用低风险投资进行搭配，或者进行对冲（也就是用两个相反的投资方向来抵消风险）。也可以考虑用海量相互独立的高风险投资来降低风险（这就是风险投资的路子）。但无论是哪一种，都不适合事业初期。

你在这个阶段，在投资上花费的心血，是不能够得到有效回报的。你投入的心血直接决定回报率，然而由于你这个阶段能够调动的资金数额太低，回报的金额是偏低的。我见过一些人，也就几万、十几万本金，还要从事A股这样的高风险的投资，而且还不走价值投资的路子，反而要频繁倒手，短线炒股。最后花费了大量的精力，可能还没赚到钱。

还有些人就更厉害了，自我科普了一下，就敢随随便便进期货、黄金交易，多半不会有好结果。（对，总有人能赚到钱，但这风险太高，你不应该幻想赚到钱的那个人是你。）

在这个阶段，投资理财应该遵循三个原则：

第一，风险极低。你现在能够承受的风险很低，攒钱也不容易，所以尽量采用保本投资的方式，这样会防止出现悲剧。之前有人看到P2P投资收益率高，就贸然跑进去，结果P2P投资基金垮了，本金全都损失掉了。

第二，随时可以支取。你现在可能会有偶发紧急事件，如果有限的资金不能够随时支取的话,在特殊事件中会十分被动。

第三,不需要花费很多精力。现在花费巨大精力去提高那么一点点投资回报率是没有意义的,你的本金太低了。你不如把时间花在兼职挣钱或者自我提高上面,那样的效率反而更高。当然,符合前两条的投资方式通常也符合第三条。

在事业中后期,你觉得自我提高已经提高不了你的收入了,转行也没有什么好选择,这时再把精力花在投资理财上面可能会更合适。

怎么从不聪明到聪明

"突然从不聪明变聪明了",如果有的话,那一定是忽然领悟到"对于每一种事务,都存在至少一种优秀的做事方法"的瞬间。

在此之前做事,总是凭着直觉去做,没有考虑过方法。

在此之后做事,往往首先着手寻找或自行规划一种优秀的方法,然后开始做事。做事之后要总结,要对方法进行修正和记录。

很多人的"聪明",其实是他们对于事物有着更强的洞察力,能够更快地找到适宜的方法。洞察力是很难在短时间内提高的,但是即便是万里挑一的聪明人,这世界上也有几十万个,他们之中很多人会总结自己的方法,还有很多人将自己几十年的经验积累,总结为方法。查到了合适的方法并加以应用,会让一个庸人掌握天才的技巧。

在着手新的工作时,有意识地寻找现存的方法、经验,这是提高做事能力的关键。这对于所有的事情都是成立的,无论是多么微小的生活琐事。

我自己其实做得还不够好,有些案例也涉及个人隐私或者和专业相关,再者也难免自吹自擂,所以这里就举一个我读到的很有意思的例子。

Amy Webb 是个记者。她想以结婚为目的找个男朋友。因为她是个犹太人,文化上还是倾向于找个犹太人结婚。经过她计算,在费城 150 万人之中,大概只有 35 个人适合她。她决定使用现代化的手段:婚恋网站。

但是,她上婚恋网站总是不成功,系统给她推荐的人她都不喜欢,有的约会对象甚至极度不靠谱。

于是她意识到,像无头苍蝇一样乱撞是没有好结果的,她开始了研究,并使用了成体系的方法。

首先,她明确总结出自己喜欢男人具有哪些特质。她总结出 72 个特质,然后将之按重要程度进行排序。

她很快找到了非常适合自己的人,但是对方却对她没兴趣。

因此,她开始进行市场调查。确认竞争对手:她喜欢的人,会有什么样的人喜欢。竞争对手的平均水平、特质、行为方式。其中那些极受欢迎的人,究竟有哪些特质。这并不是说她要把自己伪装成别人,而是考虑她喜欢的人会对别人的哪些方面感兴趣,自己应该如何更好地展现自己。

她的页面迅速成为网站上访问量最大的页面之一，而她也很快找到了属于自己的幸福。

Amy Webb 无疑非常聪明。虽然我们可能没有她那么聪明，但总是可以借鉴她的思路，来为自己的工作、生活服务。

如何完成一场有效、高质量的讨论？

首先，讨论是否有效、是否高质量，这不是单方面能决定的。我这里所讲的，只是从自己这方面能做到的事情。我个人也未必能时时保证自己做到这些，算是自勉吧。

在讨论之中，有两点要时刻牢记：

1. 不要指望你能说服对方。每个人都有自己的想法和观念，并没有几个人能够随时随地根据证据来改变自己的看法。尤其是在争论中，越是步步紧逼，对方越可能逆反。所以，讨论之中，你的目标是说服尚未在相关问题上建立自己看法的旁观者，而不是说服对方。如果打眼一看对方就是个喷子，大概不会有什么有效的讨论，那么对方任何的挑衅都不要回复。否则就是浪费时间。

2. 时刻要注意，一些关键词汇，除非是一个学术词汇而且争论双方都对此有了解,否则非常有可能两个人的定义截然不同。这时候的争论,就完全是鸡同鸭讲。

我们来举个例子:"iPhone5 的视觉表现力很强。"

什么是视觉表现力?单位面积像素数?色彩?动态?

如果你意识到一个词汇没有一个明确的学术定义,那么在争论之中,首先要确定对方的定义是什么、这个定义你能不能同意。如果你能同意这个定义,那么就按照这种定义来讨论。如果不能同意,那么就要先讨论定义的合理性,或干脆回避这个词。

如果你在讨论中才逐步发现双方对某一词汇定义不一,要么回避这个词,要么就尝试统一定义,要么就停止讨论。鸡同鸭讲的讨论是浪费时间。

在讨论时,有几个技巧一定要掌握:

1. 尽量用事实和数据说话。也就是说,不要空对空地谈感受、谈猜想、谈道听途说,谈"我朋友/我姑妈/我男朋友有个案例"。尽量要用事实证据和数据来证明自己的观点。当然,引用的事实和数据有时候未必可靠,这自然要进行细致的考察。值得注意的是,百度知道和维基百科,可以作为参考,但并不能作为良好的论据,因为人人都能修改。最好找到一个原始出处来证明自己的观点。

2. 始终维持讨论主线。这是非常关键的一点,因为一旦讨论主线被带偏,那么后面的讨论往往是在一些细枝末节或在完全离题的事务(物)上浪费时间。常见的脱离主线的情况有以下几种:

a. 扯入无关紧要的细节。这是新人容易犯下的错误。对方讲述了一个问题，涉及一些次要细节。细节中似乎有错，于是在自己的回复中花费了一定篇幅来抨击次要细节。对方随后反攻。于是讨论就被扯入这种无关紧要的细节中去了。所以，讨论时要注意抓大放小。对方的论述中就算有一些细节带有明显的错误，但只要是对主线讨论无关紧要，就直接忽略。没有必要在这种问题上浪费时间。

b. 资格论。对方有时候会对你的资格、身份、其他观点等问题实施攻击，试图通过"你是谁"而不是通过"你在说什么"来驳倒你。没有经验的网友很容易陷入这种陷阱中，开始争论自己是谁、有没有资格讨论这个问题、自己的其他观点是什么。其实这完全没必要。完全可以回复"讲的有没有道理，并不因说话者的身份而改变"。

c. 恶意揣测。对方有时候会恶意揣测你的一些说话心理或没有说出的观点。这时候应立刻指出对方的意图并把讨论扭转回主线。尤其要明确的一点是，无论对方揣测的你的观点是否是你真实所想，只要这个观点与主线讨论没有必然联系，就不必承认或否定，而直接提出"我可没说过这个"。这是因为，如果你承认了或否定了，后面的讨论很容易就会偏移到这一观点的讨论，而不是主线问题的讨论。

d. 极端化。对方很可能会把你的观点极端化。这时候应直接指出对方的错误，并直接声明自己并不支持这种极端的观点。

总而言之，要始终维持讨论的主线，不因为细枝末节的问题或歪曲而跑题。否则你只会浪费时间。

3. 不要追求"我一定要说最后一句"。有一些人总有一种幻觉，就是"只要说最后一句的人是我，那么场面上看就是我赢了"。只要道理讲清楚了，对方在你后面讲一万句，都改变不了旁观者的看法。争这口气，结果往往是在浪费时间。

4. 绝对绝对绝对不要人身攻击、骂人。人身攻击，意味着你输了。换言之，如果你还能用讲道理的方式压倒对方，为什么要用这种方式呢？时刻要记住，你的对手不是你说服的对象，你说服的对象是旁观者。一个中立的旁观者会喜欢看人骂人吗？如果你骂人，而对方讲道理，旁观者一眼就能看出来谁输了。就算在讲道理之中夹杂骂人，也决不会让旁观者觉得你说的更有理，反而把旁观者的注意力从你的道理转移到了你的骂人，最后对你的说理力度是不利的。

有的人不太信这个，我们不妨举个例子。有两个人在赛场里进行体育比赛，你并不知道比赛的规则，所以很难确定比赛的输赢。但是忽然，其中一个人不比赛了，开始骂人。那么请问，你觉得这两个人是谁输了？

那么，如果对方骂你，怎么办？总有人觉得咽不下这口气。

说实在话，如果有一个人站在粪水里向你挑衅，这时候最好的做法是漫步走开。如果你跳下去和他对打，就算你打赢了，又能怎么样？鼻青脸肿、一身臭气，在旁人看来，你也不过就是两个傻瓜之中稍微威猛一点的那个，归根结底还是傻瓜。所以，参与骂战，无论输赢，自己面子里子都输得干干净净，何苦呢？

所以，不要人身攻击、不要骂人，这没有意义。对方主动挑衅时，如果是首先挑事，就不予理会；如果是讨论期间，就直接指出对方讲不出道理只会骂人。对方如果收敛，就继续讨论；如果继续骂人，你就宣告不再讨论，直接离开。

5. 离开。在讨论期间，总有人会很奇妙地试图用这样一种方式来结束讨论：他们首先进行了大段的驳斥，甚至恶意揣测，然后在结尾时声称"我不想与你讨论了，你也不要再回复我了"。说实在话，别人没有义务遵从这样的"旨意"，随后继续反驳是很常见的。这类朋友往往又忍不住打破自己的宣告，重新回来继续争论。这样做，丢脸的并不是违反其"宣告"并继续反驳的对手，而是出尔反尔的宣告者。如果你决定要结束讨论，就声明自己不想再谈了，然后彻底不再回复。

6. 止损。这是我认为最关键，但最难学会的技巧。因为这个技巧要求你彻底压倒自己的骄傲，承认自己的错误。新人最常见的错误就是，哪怕知道自己的某一观点错了，也赌气不承认，偏要硬拗，仿佛坚持到对方离开就是胜利。这是讨论中绝对错误的做法。且不说这对有效的讨论本身会造成损害，就旁观者看来，你硬拗着不承认错误的样子难道很好看吗？对方完全可以针对你这一错误大肆攻击、嘲笑，甚至在别的讨论里一再提出你当时犯过的这个错误。

一旦你发现你某个观点确实错了，就要立刻承认，这就是止损。完成止损以后，如果这是讨论主线，就应该结束讨论。如果这是一个细节，那么你可以把讨论拉回主线去。对方如果一再攻击你这个错误，你可以很简单地说：人非圣贤孰能无过？如此执着于一个小错，真的很有意思吗？绝大多数时候，对方也不会再纠缠你已经承认错误的问题。

总而言之，要进行有效的讨论，就要注重主线、事实、数据，不要赌气，尤其不能人身攻击。

强调努力的文化更先进

许多人很喜欢夸大勤奋,却贬低天赋,我猜想这可能也是一种经验总结。

天赋是人所不能改变的。但是,人总可以努力。努力了,无论原来天赋如何,成绩都能有所提高。这能加大在社会中获取更好机会的可能性。换言之,天赋是客观现实,努力是主观能动性。既然只有努力是自己能控制的,何不在这方面多下功夫呢?

另外,我认为强调努力的文化,其实是比强调天赋的文化更先进的。

斯坦福大学两位教授 Claudia Mueller 和 Carol Dweck 在二十世纪九十年代进行过一系列针对美国 5 年级学生的心理学实验。

当一个孩子做得好的时候,有两种鼓励方法,一种是"你真聪明",

一种是"你真努力"。

实验发现，如果一直受到"你真聪明"的褒奖，学生会回避那些看上去困难的或他们吃不太准的任务，而选择简单的任务，并且会过度重视他们的排名，而相对忽视具体的技能掌握。这可能是他们不希望因为失败而被视为"不聪明"的学生。

如果一直受到"你真努力"的褒奖，学生会更倾向于选择具有挑战性的任务，会倾向于参照其他完成任务的人的方法和技巧。

更进一步地，相比于在努力方面受到褒奖的学生，在聪明方面受到褒奖的学生：

遭遇失败后更倾向于放弃；

遭遇失败后表现会下降。

总而言之，强调天赋时，当人遭遇失败，此人会认为，失败是因为自己笨。这时候，显然，由于天赋不足，放弃任务才是正确选择。而强调努力时，当一个人遭遇失败，此人会认为，失败是因为自己不够努力。这时候，加大努力程度，自然是一个好的选项。

相比于强调天赋的文化，在强调努力的文化中，人能够更平静地接受失败，会更倾向于挑战自我，而不是倾向于回避困难任务，会更注重做事方法，而不是具体的排名。

所以我认为，强调努力、勤奋，比强调天赋、智商，是更优越的文化。

值得注意的是，中国拥有上千年的科举历史，长期相对较高的社会流动性使得社会逐步熟悉了个人发展的有利方向。我想,这种强调努力和勤奋的文化氛围,就是这样一种朴素的经验总结。

做人，要学会自嘲

做人呢，要学会自嘲。"大家不是不喜欢学霸，而是不喜欢不懂人情世故的学霸"。

一个外号究竟如何使用，往往是根据你的反应来的。

如果别人给你起一个外号，而你总是觉得很烦，冷脸相对，呢这个外号就会用在嘲笑、讽刺你的场合。如果你学会了用自己的外号自嘲，那么你的这个外号就会用在亲密的场合。这是因为，当别人发现你根本不在乎这个外号时，他们就知道不可能用这个外号来伤害你。

实际上他们未必有什么恶意，也未必真的要伤害你，只不过他们想说一点逗趣的话而已。他们多半只是用一个"学霸"的呆板原型和你做比来调笑罢了。当然，你会觉得把你和这种呆板原型做比，是一种攻击性的言论。那么你就要拿出对付攻击性言论的日常手法，也就是自嘲来应对。

面对攻击性言论，自嘲的一种简单手法叫作归谬。

这种手法很简单，就是顺着对方的攻击性言论的方向，无限扩大，使之升级到荒谬的地步。大家哈哈一笑，事情也就过去了。

举个简单的例子：

如果别人说，"你也会追电视剧啊？你不是学霸吗？"

你可以说："不要开玩笑了，学霸怎么可能追电视剧呢？我那是在实时分析视频压缩编码。"

"啊？！你出去逛街啦？学霸也会逛街？"

"学霸怎么可能逛街？我那是在为无组织的社会行为学课题进行田野调查。"

他们越是把你比作一个刻板的"学霸"，你就越是要用一个更极端的"学霸"形象来自嘲。极端到荒谬的地步，对方也就知道你的意思了。而且笑一笑，也能缓和关系。

针对日常的攻击性言论，反驳是错误的选择。因为，首先，人都不喜欢自己被否定。你反驳，意味着你赤裸裸地指出对方是错的，会让对方产生自我防卫的情绪，这只会让问题恶化，会让别人与你疏离、对你反感。归谬式的自嘲，听上去是对对方观点的肯定，加上喜剧的效果，会让对方放下防卫，与你更亲近，而暗含的意思，稍一回想也就明白了。所以我觉得这是最佳的应对手法。如果害怕对方把你的自嘲当真了，在最后补一句"哈哈，开个玩笑"也就够了。

一个成熟的人的是非观

"小孩子才分对错,成年人只看利弊",这是某部影片中的一句台词。编剧写这句话也许是一种自嘲、一种反思,我们无从得知。

如果去掉这部电影的背景,而单就这句话而言,我觉得说得很有道理。

这个世界上没有绝对的对与绝对的错。劫富济贫是对的吗?不同的人有不同的看法。言论一定应该自由吗?不同的人有不同的看法。即便是看待纳粹,也会有人认为他们并不都是错。一个人的是非观念,很大程度上是自己的事情。和别人去讲对错,是没有意义的事情。每个人的世界观、是非观都不一样。

只有小孩子才会认为自己认为的对错就是绝对的对错,也是应该得到所有人认同的。长大以后就会发现这世界千奇百怪,自己认为的对错并不一定就是别人认为的对错。

那么如果一个人想做一件事情，试图以"这样做是对的"来要求别人按照自己的期望行事，未免就太幼稚了。

涉世未深的人有一种常见的思维是这样的："我的诉求应该得到满足，因为这是对的、正义的。你不满足我，说明你是错的、邪恶的，所以你该被打倒。"

成熟到了一定程度，就会明白，我认为正义的、对的，不一定是别人认为的正义的、对的。我的是非观，并不是绝对的是非观。

那么这意味着一个成熟的人会放弃自己的是非观搞虚无主义？

当然不。

一个成熟的人会把是非观留给自己。是非观用来指导自己的行为，而不会被用于对外的诉求。

当一个成熟的人需要贯彻自己的是非观，对外部施加影响的时候，他要做的不是告诉别人"这样做才是对的，所以你要照我的期望行事"，而是分析别人在此事中的利益得失。通过利益（无论是通过说明较客观的利益得失，还是自己能对对方产生的利益得失）来迫使对方按照自己所期望的对的方针行事。试图用是非对错来说服别人按自己的期望行事，只是白费力气罢了。

所以，老板成天只和员工说要敬业、敬业才是对的之类的话，这是幼稚，制订能够促使员工敬业的薪资方案，这才是成熟。

单纯宣扬无私奉献是对的，宣扬清正廉洁是对的，但这能控制腐败吗？最后控制腐败的是什么呢？是检举、惩处，是利益。

PART 5
关于学习这件大事

　　学习,是使人成长速度最快的途径。但是很多人会以为,学习就是在学校里跟着老师听课而已。实际上,我们在校园之外还有着更多的学习。而就算是在学校里学习,也是有很多方法的。明白我们自己学习的需要、明白各种学习的方式,这对于我们的个人发展至关重要。

精英教育与大众教育之争

我对精英教育和大众教育的看法和很多人都不一样。

我觉得,精英教育大致是说,教师直接甄别学生,确定学生的需要,给予符合其特性的教育方式。因此天才学生获得天才教育,资质平平的人获得一般的教育,水平低下的人可能就几乎没有教育了。换句话说,精英教育就是偏向于"因材施教",强调教育对个人才能的发展。

大众教育大致是说,教师不对学生进行甄别,一视同仁进行同质化的教育。无论你资质高低,给予的都是一样的教育。换句话说,就是大众教育偏向于"普遍和广泛",强调教育对整个社会的效用。

无论哪个社会,优质教育资源都是相对缺乏的。在不同的教育体制下,就有不同的教育资源分配方式。在大众教育体制下,大众教育的内容往往放在平均学生水平以上,这样,精英学生就能够明显和水平低下的学生拉开距离。然后用标准化考试，考查学生对教育内容的掌握程度，就能选拔出理解能力强、学习能力强的学生，然后将更高水平的教育资源分配给这些学生。而更高水平的教育资源仍然采用一视同仁的同质化教育，之后再进行同样的选拔。

精英教育制度下，分数只是一个方面，更重要的是这个学生是否被认证为精英。这个认证工作可以由精英教师、社会精英等人员来完成。被认证为精英的学生，可以获得更高水平的教育。

无论是大众教育还是精英教育，都是一个相对的概念，并没有泾渭分明的界限。就大学而言，这世界上没有纯粹的精英教育，也没有纯粹的大众教育，只是看大家各自偏向这个光谱的哪一端。

中国偏向于大众教育首先是因为教育资源不足，要搞精英教育就要放弃对大多数人的教育，这对整个社会来说得不偿失。而中国政府的政治传统和现在中国大学的制度起源都要求更重视大学教育对整个社会的效用。那么，究竟哪种形式更好呢？

对欧洲不太了解，我只能谈谈美国。

有人觉得美国比中国的教育体制更公平，这简直就是无稽之谈。美国的精英教育起源于对欧洲贵族及其代理人的培养体系，本身不但讲究个人素质，更讲究门第、资本。它的设立首先是为社会精英的子弟服务的，而社会精英的子弟究竟是不是精英，这是美国高等教育考虑的次要问题。美国顶尖大学里，穷人出身的学生简直凤毛麟角。阶级划分极为明显。

中国教育体制师从苏联，其根本目的是给社会培养合格的劳动者。因此除了特殊时期，理论上，对个人的门第和资本并不关心。私下里搞关系、出钱让孩子进好大学，都是见不得人的事情。在美国，只要你给大学捐款足够多，就一定可以让你的孩子上好学校。只要你是总统或者参议员，你也一定能让你的孩子上好学校。参议员一封推荐信，比成绩优秀的穷人家孩子干几百个小时义工都顶用。这是哪门子的公平呢？光看到寥寥几个穷学生上了高等学府，无疑是盲人摸象。哈佛里穷人孩子的比例比北大里穷人孩子的比例低得多。

举个简单的例子吧，哈佛大学 45.6% 的学生来自富裕家庭（年收入20万美元以上），而这种收入的家庭占美国家庭比例的多少呢？3.8%。如果把美国家庭按平均收入平均划分为5个区间，最低的一个区间只为哈佛贡献了4%的学生。最低的三个区间（60%的美国家庭）为哈佛贡献了17.8%的生源。在中国这种比例是没办法想象的。

再举个例子，美国最好的193所学校中，来自社会收入后一半的家庭的占14%，中国的话，应该在50%左右。据不完全统计，名列前茅的学校中即便来自国家级贫困县的学生也有19.4%，由于与贫困县人口（23.9%）之间有4.5%的差距，都已经被民众抨击了。能想象美国后50%的家庭只贡献了14%的学生吗？

有的人光看美国给贫困学生的奖学金就以为美国更公平，其实美国最根本的问题还在于其大学招生制度。

那么，为什么偏向精英教育就会更加不公平？

第一，美国私立大学众多，私立大学与公立大学目的不同。其初衷就是要培养社会精英的子女，因此在录取上当然要对社会精英倾斜。这种倾斜，完全是"名正言顺"的："能受到精英推荐的学生更有可能是精英。"而实际上，只有社会精英的子女更有可能认识社会精英，并受到社会精英的推荐。也只有社会精英的子女，才更有可能上精英学校，受到精英老师的推荐。因此社会精英在美国大学录取上有着远超底层的优势。这和中国不同。在中国，社会精英唯一的优势是把子女送到最好的中学，接受最好的中学教育，高考可能考得更好一些（当然，目前仍存在地域差异性的问题）。

第二，无论公立私立大学，都需要有校友的大量捐款，这才能购买新的仪器，建新的大楼。所以每到某系需要翻修、建楼的时候，系主任就要跑出去找钱。而校友的捐款，往往是有代价的。申请美国大学的时候，公然会被问"你家里有没有本校校友"。捐钱的校友，其子女或其所推荐的人，都会优先录取。

所以，明面上精英教育是因材施教，似乎更好，但是在认证哪些学生是精英而哪些不是的时候，却根本谈不上公平。反倒是标准化考试更一视同仁。

有人认为标准化考试选拔不出真正的精英，我觉得这是错误的。任何一个选拔制度，都不可能真的保证选出来的都是精英。选拔制度的关键在于提高被选者中精英的比例。高考选拔，实际上是选拔一个人的理解能力、推算能力、记忆能力。选出来的人，高分低能的确有，但是很大比例上都是确确实实的高智商人群。

那么，既然中国的教育体系更加公平，为什么教育水平不如美国？

原因有两个方面。

最主要的是没有钱。美国大学教育是非常贵的。举个例子：我带过一门实验课。这门课是机械工程系本科机电方向的一门核心课程。课程设置很好，国内研究生往往都缺乏这么好的一门课。这门课满员144人，1名教授讲课，2名助教（半额工资）改作业，6名助教（全额工资）带实验。一个助教一周两次实验，一次3小时，带12个学生。这门课分两个学期，也就是说一个助教两个学期只带24个学生。当时（2010年前后）助教工资就有1.3万多美金。整门课，不算教师工资，只算助教和每个学生每学期100美元实验费（2×0.5+6）×13000+144×200=119800，也就是说一门课的花销是近12万美元。平均每个学生两个学期的这一门课花销就有832美元。这还没算教师工资、教学设备和教室的折旧等。美国大学一个学分的价钱往往都有一两千美元，便宜的也要六七百美元，一门课一般三个学分。

话说中国哪个学校有哪门课能达到这个水平？虽然这只是少数核心课程的水平，但是资金投入可见一斑。即便去掉所有助教工资，只保留实验材料费，国内有几所大学核心课程一个学期每个学生的实验材料费可以达到600块人民币呢？更不用说我这学校在美国排名都排到120多名了，我在国内的学校排20多名。就学生素质而言，国内学校水平高太多了，但是教学效果还是不如美国，这就是其中一个重要原因。

这就是工程教育的差异。工程教育要求自己动手，没钱做实验，课程讲得再好，学生水平也上不去。文科虽然没有这方面的问题，但是文科更讲究老师与学生的互动，以及对学生的启发。也就是说，一次课上学生数量越少越好。这要求老师的数量要很庞大、教室要多。但是养得起这么多老师吗？这又是钱的问题。理科有时候这两个方面都需要。

而且能不能雇用足够的助教，这对本科教育有着至关重要的作用。有足够的助教，就能在实验中给予更详尽的指导，学生学的就更多。有足够的助教，老师就能布置大量的作业，安排考核，这样就能把这些分数广泛加入到最终成绩，学生逃课率之类就会大幅度下降，教学效果就能提高。有足够的助教，就可以有大量的答疑时间，可以帮助学生更好地理解内容。没钱，这些就是空谈。

此外，相比之下，中国的科研经费也少，教师自己做的项目少，实践经验就不如美国同行，讲出来的效果当然也要打个折扣。

所以，中国学校现阶段最大的问题就是没钱、不知道该往哪里用钱。至于很多人诟病的教育行政化，我觉得现阶段是次要问题。

第二个原因是，中国大学的学术、教学领域的积累还远远不如美国，所以水平不够。

当然，美国的教育体制有大量需要我们学习的地方。只不过，它的推荐招生、自主招生制度，还是不学为妙。

大众教育体系对社会更加公平，更有利于提高社会流动性，也就更能增强社会的活力、进取心、稳定性。

精英教育在因材施教、充分发挥天才能力方面的优势的确存在，我国的教育体制也应该有这方面的考量。但那是建立在有能力满足大部分人的教育需求的基础上的。否则，对整个社会的效用，最后未必来得更高。

如何让大学给你带来更大利益？

以下内容主要是针对工科学生，但是其他学科的学生也可以借鉴。

在国内读大学，似乎日子一眼就能望到头，无非是上课—考试—放假—上课—考试—放假……毕业设计—毕业。大家旷旷课，考试之前突击一把，似乎也能混过关。但是，如果仅仅是这样，就不要抱怨毕业以后找不到工作了。

首先，大学和中学不一样。中学有老师督促，所有课程都是摆在面前的。上中学的目的就是上大学（否则还不如去上技校更有前途），上中学所需要的知识和技能范围都是限定死的，大多数人只要沿着这个轨迹就行了。学生学多了就产生了路径依赖，到了大学也觉得只要把课程分数混高点就万事大吉，结果造成很多中学里的尖子最后"泯然众人矣"。

大学,很多人讲过,应该是一个学习怎样自学的地方。很遗憾的是,即使是美国的大学也很难达到这个目标。概因自学其实是一个很难的过程。自学并不仅仅是自己感兴趣了、找本书看看就行了。在社会上,自学是一个极为复杂的过程。我这篇文章其实讲的就是如何自学。

这篇文章里,我要讲一个中心,两个基本点,四个方向。

1. 一个中心——主动出击、竭尽全力

主动是人在社会上打拼的最重要品质。机会从来不会从天上掉下来,必须要主动才能获得。只要听说有锻炼机会,就不要放过,主动出击,去争取过来。有些看似没有希望的事情,主动出击并竭尽全力有的时候会有奇效。

举个例子,自控原理学不懂了,就去找其他的书看看,看不懂,找个机会自己练练。到哪里练呢?找实验室啊。实验室不开门吧……找实验员问问吧,说不定别的学生结束了实验有空余时间,能让你玩玩呢?在具体着手做之前,千万不要说"不可能"。"不可能"只能是你做完之后才下的结论,而不能是你实施前就做的判断。遇到问题,先要主动去解决,全力以赴,然后再谈成败得失。

我有个自己的例子。在美国,读博士期间会有一个博士资格考试。我所在的系,博士资格考试规定必须在第二个或第三个学期完成,否则取消博士资格。入学以后第二个学期,我选了两门课(其中一门课业非常重,曾经有一周在实验室里做了超过 20 小时实验),还担任了一门

课的助教。同时国内还有一些事务没有完成，不但前半学期要做相关准备，中途还要回国两周。等到其他事情处理完，回过头来要准备博士资格考试的时候，只剩下大概不到 3 周时间。这是非常困难的。为了博士资格考试，很多人这一个学期都不选课，充分准备，结果还不一定能通过。

于是有一天晚上我躺在床上想，要不放弃算了，反正还有一个学期。但是我又想起来以前我曾经犯过的错误——以为自己还有机会，放弃了眼前的机会，结果全盘皆输。反正拼一场输了也无所谓，所以我就拼了。当时预约各个教授已经有些迟了，来来回回折腾了很久才定下来博士资格考试答辩的时间。我博士资格考试的小论文是在考试当天早上 6 点钟才写完的。中午上课，下午答辩，场面相当惊险。主考动力学的教授问的第一个问题几乎让我挂掉，最后居然是用控制学的知识解动力学问题。不过还是过去了。

从事后看，不过是我主动做了、拼了、赢了。一切顺理成章，有惊无险。但是之前看，几乎是不可能的。这个经历告诉我，不要在事前说不可能。宁可先去做，去拼，然后再说不可能。

2. 两个基本点——机会和成绩

这个世界上有两样东西对一个人的人生最重要，一个是机会，一个是成绩。

机会，是用于自我实现的。上好大学、去好公司、做好项目、升职位，这都是机会。机会人人都想要，所以不要指望机会从天上掉下来。争取机会靠什么？靠运气吗？不，要靠成绩。

成绩，是用于证明自己的。考试成绩、完成了的项目、大学文凭、工作经历，这都是成绩。成绩是用于证明自己能力的，而且成绩的保质期相当短。你高考成绩是现在大学班里第一，在大学里有什么用吗？你大学成绩是班里第一，工作了还有用吗？你10年前做过一个相关项目，现在求职还有用？都没用了。所以成绩的保质期相当短。要获得好的机会，就要不断创造新成绩。这就是常说的"一步一个脚印"，做一件事就要做出成绩，既然投入了精力，就干脆做出点东西来。

无论是在社会里还是在大学里，成绩与机会都是相互转化的关系：先获得低阶成绩，然后用这个成绩争取机会，通过这个机会锻炼自己的能力，同时产生更高等级的成绩，再用更高等级的成绩争取更高等级的机会，如此往复。所以，既不能不重视成绩，也不要对过往的成绩看得太重。不能用于获得下一个层次机会的成绩，就扔到标着"纪念品"的抽屉里吧。偶尔拿出来看看可以，如果你经常想要拿出来看看，就说明你老了，该退休了。

3. 四个方向——技术、经验、人际、团队

无论走出校园做什么工作，这四项都是不可避免的，只不过轻重不同。

3.1 技术

不但要懂理论，还要会操作。要会理论分析，要会实际设计，要会专业软件，要会写相关文档（设计文档、项目书、备忘录）。不要

轻视里面任何一点。特别是文档，实际上别说中国学生，美国学生写文档写得一塌糊涂的，也不在少数。

理论搞不清楚，就很难解释工作中遇到的问题。而且理论设计，可以节省大量的工程实现的时间。

实际设计也是很重要的。理论分析不可能涉及很多细节，而魔鬼就在于细节。自动控制原理考 100 分的人，不见得知道怎么设计，哪怕最简单的 PID 控制系统。实际设计能力决定了你是不是能一入职就快速开始工作，而这个往往是公司最为看重的。

专业软件是进行实际工作的基础。做计算机的，起码 C++、JAVA、汇编什么的都要会吧；做控制的，Simulink、C 总要懂吧；你做机械的，AutoCAD、Solidworks/Pro—E 总是要能用的。课程只能教给你最基本的东西。在课程结束以后还要经常练习提高，才能保证能够直接进入工作状态。

写文档往往是大学生忽略的。实际上文档的格式都很八股，条条框框很明确。国内大学不培养这个，但是你自己也要会。找些文档写作的资料看看。等到以后上班了，写出简明清晰的文档往往能让上级眼前一亮，这就是机会。

3.2 经验

你有可能很平庸，那些天才的工程师学什么都比你快。但是有一样东西，却不是才智能够打倒或取代的，那就是经验。这世界上，多数工程师都是越老越吃香，靠的就是经验。

为什么经验这么重要？因为经验是用时间堆出来的。聪明的人也许可以缩短投入的时间，但永远不可能跳过去。所以，经验，是用人单位最喜欢的东西，这意味着他们雇用你可以节省项目时间开销，减少因为失误造成的额外成本。

经验从哪里来？从实践中来，看书看不出经验来。更准确地说是从失败中来。成功只能告诉你某几个因素的组合可行，但是否完全可行，是否能和别的因素配合，你永远不知道。所以成功给予你的经验很不确定，而失败永远是清晰的，你会发现有那么一个因素就是造成你失败的直接原因。这种经验是明确的、普适的。

所以不要害怕失败，事实上，当我在项目中遇到挫折的时候，往往有些兴奋，因为这是新的经验就要产生的迹象。而经验，能使你的价值越来越高。

不过要注意一点，失败凭什么是成功之母，凭什么不是失败之母？我们从小写文章说失败是成功之母，可真正理解的人并不多。我前面说，失败会带给你真正的经验，可这些经验并不是你一失败就自己蹦出来了，是要靠你自己去挖掘去思考的。很多时候，失败了，换一种方法就能行，这样只用花一个小时，而要深挖为什么失败了却要花五个小时。你在此刻的耐性、决心就决定了你能不能从失败中获得真正的经验。

3.3 人际

一个不会与别人相处的人，永远不会在事业上有什么大的成功。

现在这个社会，做什么事都需要有周围人的帮助。孤胆英雄的年代已经过去了。所以有一句话说得很好："要做事，先做人。"大学，是你进入社会学会做人的最后一个友善的环境，一定要珍惜。

在职业场上，人际的目的无非是在你需要帮助的时候，总有人愿意帮你。所以人际关系方面的建立，最基本的就是你帮我、我帮你和回报的问题。

我在这里并不想谈和上级如何建立人际关系，这个非常复杂，这里想说的是如何在普通人之间建立和经营人际关系。

最简单的：

请人帮忙就要给人回报。回报最好高出他帮你的价值。这样下一次请人帮忙就更容易了。不要觉得自己亏了，总是在这种事情里斤斤计较的人，既交不到朋友，也无法在最需要帮助的时候获得帮助。

拜托别人的时候，要察言观色，如果对方有任何勉强就立刻停下。除非你必须要对方帮这个忙，那么你事先一定要讲清楚，而且事后要加大报偿。

不要占别人的便宜。如果不知道对方只是客气还是真的愿意给你，宁可拒绝。如果因为某些原因，确实需要占别人的便宜，事后加倍还回去。

不要怕被别人占便宜。别人占你便宜的时候，是你对他的一个测试。如果他经常占你便宜，而你要他帮忙的时候总是不顺利，那这种人你可以直接离得远远的。

别人帮了你的忙，除了酬谢，切记你们两个并没有扯平。如果对方要你帮忙，最好比对普通人的求助更热心一些。这个世界很简单，成年之后的朋友关系，多半都是从这种你帮我、我帮你的活动中逐渐建立起来的。

事情决定了、做了，就不要抱怨。抱怨不能成事，只能让人心烦。

如果有些话你不想让某个人听见，那就永远不要从你嘴里说出去。不要觉得任何一个听众很可靠。

3.4 团队

现在的工作，很少是单打独斗的。你必须了解团队是如何运作的。在大学里，最好主动加入一些经常有活动的组织，熟悉在团队里的工作方式。如果有运气，能做一做小头目就更好了。理解了团队的运作方式，就能理解什么样的人在团队里最受欢迎，也就能在未来的工作中做得更好。

比方说，现在有两种人：一种人水平还行，但是做事三心二意；另一种人水平不高，但是为团队做事勤勤恳恳。那么哪种人更应该受团队欢迎和器重？

大学的时候，我答错了这个问题，结果撞得头破血流。

其实后一种人才会受到欢迎和器重。即使你有水平，也要勤勤恳恳地做事，不要觉得日常事务不能体现你的水平或者价值，所以就不该你做。团队不可能因为杂务不能体现成员价值就专门去外面雇一个人来做。每一样事务总要有人来做，如果你有时间和精力，做了就做了，既不要抱怨也不要太计较得失。如果你实在理解不了，等你有一天当了小头目，就能理解了。任劳任怨是一种极为受团队器重的品德，如果你还有技术，那前途可是大大的光明，就算在一个团队里不得意，换一个团队也能吃得开。

那么回到大学里的一些细节。

是不是大学的考试不挂科就可以？的确可以。但是未来你打算如何证明自己的能力？大学成绩是一个基本的"成绩"，如果你没有这个成绩，你就要在其他方面获得显著的成绩，从而去赢得机会。如果你大学考试成绩都是低空飞过，而其他方面又没有显著的成绩支撑，那么别人凭什么给你一个好的机会呢？如果你没有把握在其他方面获得足以为你赢得良好机会的优异成绩，那么还是先老老实实把课程成绩搞好吧。那个是你最容易得到的成绩。

大学的确是要学会自学的。但是大学的学习并不是单纯为了学会自学。大学的学习还是一个培养基本的专业技能的过程，专业课还是要老老实实去学。如果用人单位还要等你自学你的岗位所需要的知识和技能，那他们应该没有多少兴趣花钱雇你。你要给别人一个雇用你的理由，自学能力是难以证明的，专业课成绩则是明摆着的。你告诉别人"我专业课成绩一塌糊涂，但我自学能力很强"，这谁信呢？自学能力当然重要，但并不是说别的就不重要。培养自己的能力，很关键，但是没有相应的成绩，就不能为你赢得机会。

拓宽视野是很好的。尽量多接触一些人、一些组织，多一些了解，多一些互动，发现自己的不足，了解可能的职业发展道路。但是，成绩、能力、机会这些是根本，不要把主次搞错了。

去国外留学你要先明白这三点

不同的学科有不同的优劣。出国留学，学术本身的东西，我就不多讲了，还是讲些生活上的东西。

第一，是学习文化上的"他者"，进而更好地理解自己。

在国内生活，我们很少会感受到文化上的"他者"。没有一个文化上的参照物，往往也就对自己认识不清。这正如，从来不了解任何有神论的人，也就谈不上无神论者。如果这世界上只有一种颜色，那么这种颜色现在所附带的任何意义都会丧失。我们对自己的理解，往往建立在与他人的差异之上。始终在同一种文化氛围中，即便有大量的外国文化产品，也往往难以很好地理解自身。

只有到国外去，到一个迥异的文化氛围中，才能理解文化上的"他者"，才能更好地理解自己。

你会发现很多你认为理所当然的想法，其实并不是那么必然。你会开始探究不同想法背后的肇端。一些看起来很无稽的理念，深究下去，其实都有其合理性。你不再能通过"那都是少数人瞎想而已"来回避对其他观点的合理性的探究，你会开始审视我们习以为常的观点，观察它们的合理性所在。最终你会发现，很多理念，并无优劣之分，它们只是在不同环境下，针对不同问题或同一问题的不同方面而产生的。

一个很有趣的现象是，出国的人，其政治观点有很高的概率向民族主义方向改变。其中一部分原因，我认为，就是感受到了文化上的"他者"。原来在国内无法感受到的民族界限，忽然清晰起来。因此激发了民族主义。

第二，是掌握一门外语。

如果我一直在中国，英语能力也许也能达到现在的水平，但我对此并不乐观。

这门语言为我打开了一个新世界的大门，那就是英文书籍。英文书籍，就我看来，目前在大多数方面都比中文书籍丰富。

原来我是个比较懒的人，很不喜欢锻炼和劳动，喜欢看书或者看网页。现在依靠着英文有声书，也算是阅读、劳动、锻炼都不耽误了。一份时间可以变成两份花，健康也能保证，一年还能多读十几本书。

第三，是学会独立。

在国内，学校的生活保障其实做得不错了，公交也很方便。到了国外才发现，很多事情真的必须要自己操心才行。

我在国内的大学，每学期要求早上跑步，还要签到。美国学校是不管的，你爱去健身房就去，不去也没人管。以前还有个"健身房全勤奖"，现在也没了。你不去上课，教授常常也不点名。作业不交，也不会有班长或者指导员来催你。只有期末一个不及格放在那里告诉你下次再努力吧。就算你突然失踪了，学校也不会关心（之前我这里有个波多黎各助教就失踪了……风传是毒品的缘故）。

如果你不照顾好自己，没人会照顾好你。

读书是否已经成为效率最低下的信息获取方式？

这世界上的知识大概分为四种：

1. 我知道我知道的：也就是我已经掌握的知识。

2. 我知道我不知道的：也就是我知道这种知识的存在，但不知道具体的内涵。在遇到相关问题时，由于知道这种知识的存在，就能够有针对性地学习、寻找答案。因此，这种知识在需要的时候很容易转化为第一种。

3. 我不知道我知道的：这非常罕见。有时我们掌握的某一领域的知识在另一领域也能得到应用。因此虽然不知道自己具有能够在其他领域起作用的知识，但一旦接触到相关的领域，其实很容易就能意识到这个问题。也就是说，这种知识比较容易转化为第一种。

4. 我不知道我不知道的：这是指我不但不了解一种知识的内涵，

甚至不知道这种知识的存在。即便遇到相关的问题，也不知道该到什么地方去寻找答案。因此，这种知识，其实是个人能力的最大的短板。

读书的最大益处就是减少最后一种知识的数量。

碎片化阅读有三个问题：

第一，它不成体系。我在知乎其实多次谈到过米尔斯海默的进攻性现实主义，但其中每一个答案都只是谈及这种理论与提问相关的部分。所有的碎片化阅读材料都是如此，对于任何一个理论，任何一个问题，一篇文章只是谈及非常狭小的一块。读者虽然对论述的问题有了了解，但对于背后的理论却只能识得只言片语。如此一来读者很难将相关的理论应用到其他问题的分析中去，或者应用的时候会出现偏差。

第二，碎片化阅读存在信息偏见。绝大部分碎片化阅读材料，是没有专业要求的。学术书籍写作，对信息的完整性有着一定的学术标准。学术书籍必须回顾过去的理论、对立的理论，提出自己的见解，并进行论述。而碎片化阅读材料由于专业性和篇幅所限，往往只是单方面的论述，很少论及对立观点。当然这种问题在一些非学术型的书籍之中也不少见，但读者总可以选择比较学术的书来阅读。

第三，碎片化阅读的推送往往取决于个人兴趣，因此其内容往往会落入"我知道我知道的"和"我知道我不知道的"的范畴，如果自己不注意选取信息来源，就很难提供"我不知道我不知道的"知识。

纪录片也存在这些问题。而公开课虽然没有这些问题，但投入的时间成本，其实并不亚于阅读书籍。一般阅读一本书，也就是 10 ~ 20 小时而已。

对于一些非常明确、非常细致的问题，比如如何去除某种污渍，上网搜索当然是最方便的。但如果想要了解比较宏观的问题，想要获得一个成体系的见解，那只有阅读书籍了。

由于书籍的"成体系的论述"，可以把一个问题的方方面面都讲到，还把大量的你根本不知道自己不知道的知识介绍给你。阅读一本好书，往往会觉得仿佛有一扇通往异世界的大门就此敞开。

再者，诸多知识之间越是相关，记住他们就越容易。书籍蕴含的知识往往是成体系的，相互紧密联系的，因此在记忆知识的方面就比碎片化阅读有更大的优势。

所以，通过读书获取知识的效率其实是很高的，在很多方面，是不可取代的。当然，如何找到合适的书籍，需要一定的技巧，但那就是另一个问题了。

我对应届生求职与招聘的一点认知

最近我尝试了招聘应届生,有一些体会,来和大家分享一下。这些体会其实对于应届生求职有很强的借鉴意义。

招应届生是非常头痛的事情,尤其是对于中小企业而言。

第一,应届生之间区分度很小。大部分应届生的专业项目经历都非常少,课业成绩、大作业之类差异不大,难以判断适应性。

第二,应届生的职场经历很少,非专业能力可能存在严重不足,而且这方面也比较难判定。他们可能在工作方法上存在巨大的认知偏差,比如有可能会过多地依赖他人帮助而害怕自己做判断,或者过于相信自己的判断而一意孤行。你很难判断到底你未来需要花费多少精力来帮助他走上正轨。有工作经历的人,只要简历没有大问题,你就知道他完成基本工作是不成问题的。

第三，应届生常常没有想明白自己到底想要什么，很有可能工作了几个月忽然发现你这里的工作机会并不是他想要的，结果就是忽然离职，给你的团队管理和项目进程带来麻烦。

所以，对于企业来说，招聘应届生的重点有三个：第一，搞清楚他的（在你所需要的领域的）专业水平；第二，确定他的沟通和团队协作能力以及对工作职责的认知；第三，确定你提供的工作确实是他想要得到的，而不是他家人、老师、朋友想要他得到的。

同样，对于应届生来说，也有三件事情需要特别考量：

第一，你必须想尽办法获得专业上的实际工作经验，而不能满足于课程内容。你必须积极参与竞赛、研究项目、实习，从而让你与其他只知道按照课程表上课的同学区分开来。这样你在应聘中才具有优势。每次看到宛若一张白纸的应届生简历，我都会感到十分惋惜。如果在学校的时候他们能够在课程之外再做一些专业领域的工作，他们的求职过程就会顺利得多。即便是一些和专业领域无关的社会、社团工作也比没有更好，起码能够帮助前述第二条的能力判定。

第二，你必须拥有团队协作经历——无论是与专业领域工作经验同步获得的，还是通过参加一些社会活动、社团活动获得的。这样你才能在现实工作中锻炼沟通、协作等重要的非专业技能。

第三，你必须想清楚你想要的到底是什么。不要把你父母的期望、你老师的期望或者你朋友的喜好误当成自己的目标。你的目标必须是你喜欢的。否则你就会发现自己干得并不开心，最后要考虑转行，浪费了自己的时间。

那么接下来就讲讲怎样应对招聘应届生的三个难题。

首先还是强烈推荐 *Hire with Your Head*，这是美国一家猎头公司的老大集结几十年招聘经验写成的，是一种成体系的招聘方法。从设计岗位，到发布广告，到电话面试，到面试，到评估，到谈薪酬，到敲定待遇，到入职，整个体系讲得十分完整。当然，这本书里大部分内容都更适用于中高端岗位而不是入门级岗位，但整体思路是十分值得借鉴的。

总体来说，对所有招聘都一样，招聘中最关键的步骤不是寻源不是面试，而是职位设计。你设立了一个产品总监岗位，然后待遇是一千块一个月，这显然不太可能招到合适的人。

职位设计包含薪酬、实际工作内容、个人能力提升点、职业发展路径等。之所以这对"什么样的应届生值得招"很重要，是因为职位设计决定了什么人最适合你能提供的职位。原则上，招聘不是一个单项选择的过程，而是双向选择。如果你仅仅是通过薪酬、愿景之类把别人"骗"来上班，那么一旦对方发现工作内容不是他想要的，他就有很大的概率会离职。员工流失不但会导致你在招聘上花费的精力全部白费，还会对团队士气造成打击。

换句话说，只有精准地找到一个满足双向选择的候选人，你才不用浪费时间和精力反复对同一个职位进行招聘和入职培训。而一旦你不需要反复浪费精力，你就能对一个职位的招聘投入更多的精力，使得你能够做出更好、更精准的选择。所以,精细招聘是一个良性循环的过程,而草率招聘则是恶性循环的过程。

接下来,我们分别说说前述的三个要点如何考察。

第一点,专业能力。

通过竞赛、研究、实习来判断应届生的专业水平,是相对容易的事情。但这种候选人并不常有。有很好的竞赛、研究或者实习经历的应届生,一般早早就名花有主了,能够碰到实属幸运。绝大多数应届生的区分度都不大。

那些区分度不大的应届生,必然需要经历一段痛苦的学习,才能真正胜任实际工作。因此,这里需要考察两个方面:专业知识基础和学习能力。

考察专业知识基础是相对简单的,就是把一些你需要的专业知识的细节问一问,看看候选人掌握得如何。只要你筛简历稍微用心一些,候选人一般不会在这个项目上丢分。他们只要专业基础还在,要学稍微高级点的知识的时候知道该查哪本书也就够了。

学习能力,通常依靠面试之外的"课外作业"或者 *Hire with Your Head* 中所谓"最大成就"问题来考察。前者就是给候选人一个简单的任务去做,其中很多知识是他目前没有掌握的,这样来查看候选人的学习能力。后者就是借助诸如"你有没有通过自学完成课程要求之外的一个任务,聊一聊其中你觉得最难的一个"等问题,来考察候选人过去生活中运用学习能力的案例。如果你担心候选人可能说谎,可以不断追问事件细节，并要求候选人举出第二个、第三个案例。扯谎的候选人通常通不过这样的追问。

第二点，非专业的工作能力。这包括沟通、团队合作、主动性、对工作规范的认知等。

通常你可以问一问之前有没有社会活动经历、组织工作经历，参加过什么志愿活动、兴趣活动、学生会、社团等。详细了解这些部分。

如果实在没有，或者实在问不出什么，还是回到"最大成就"问题上来。问"你之前通过沟通解决过的最难以解决的矛盾是什么""你通过参与过团队所完成的最难的一个团队任务是什么""你之前在沟通或团队工作中所犯过的最大的一个错误是什么""你之前有做过需要组成小组来完成的课程大作业吗？在这个过程中你解决过的最难的一个沟通、协作问题是什么"。这类问题的变化繁多，可以根据自己的需要来事先准备。和前面考察学习能力的问题一样，并不是说你问了这个问题就万事大吉了，你需要不断深挖细节，包括时间、地点、人物、过程，甚至反复从不同角度询问过程。现场扯谎的难度是很高的，通常经受不住细致的盘问。

如果某种能力对于你的职位非常关键，那么可以要求候选人举出三个事例。

这里的重点是，所有的能力都需要通过过去的事实来评估。不要试图通过一套固定的"聪明的问题"来现场考查候选人的思维能力。因为，万一候选人有些紧张或者并不擅长短时间内的深入思考，那么可能你就无法很好地考查候选人。用过去的事实来考察，是最可靠的，也能够形成足够的区分度。

第三点，职位是不是他想要的。

在这一点上，我的经验是，你要绝对的坦诚。你要非常坦诚地说明你对这个职位的认识：优缺点、发展前景、工作环境、职业道路、薪酬高低等。你不需要现场追问"这是不是你想要的"，因为这没有意义。候选人到你这里来，必然是想要拿到一个职位。你现在做这项考察是为了防止候选人短暂入职以后又离职。所以如果你逼问，候选人很可能会虚假地回答"是我想要的"，但这对你来说毫无意义，因为你想要的是候选人内心的答案。

你可以摆出这个职位所有的优缺点，结合对方的情况，分析给对方听，然后要求对方考虑一下，考虑好了再联系你，不必立刻做出决定。而且你要说清楚，你这样做不是要拒绝他，而是为了避免他入职后才发现他并不想要这份工作，那会浪费双方的时间。

经过深思熟虑之后还是想要这份职位的人，最终就会联系你。这就能避免前面提到的第三个问题。

有的人总是害怕如果把优缺点都摆出来，会不会把合适的人吓跑。我觉得这样招聘，找到一个愿意入职的人肯定比不做这一步来得更难。但是这样做，会让员工离职率下降，让你在招聘和入职培训上花费的时间和精力不大会白费。这终归是有价值的。

那么作为总结，什么样的应届生值得招呢？

专业能力上具备足够的专业知识基础,过往事实证明学习能力合格,经过短暂培训能够执行最基本的专业工作;过往事实证明他在非专业能力上能够满足这个岗位的基本要求;他经过考虑,确定这份工作是他想要做的。

请正确理解学校与自学

时代早就变化了。

指望学校教会你所有的或者大部分的工作技能,这是不现实的。

这世界上工作种类数以万计,难道学校也开数以万计的专业?每个专业几个人?专门配几个老师?

很多人并没有理解。当今社会在要求我们每一个人在一生之中不停地学习。固然教育体系有很大的弊病,也确实需要得到改良、加强,但指望在学校的十几年里面教会你这一生所有或者大部分需要的工作技能,这完全是妄想。

学校能做到的,是为你提供你今后大概会需要的基础知识和技能。你可以从这些知识和技能出发,用比较短的时间学会工作所需的知识和技能。

二十年以前，甚至十年以前，中国有几个程序员？如今呢？二十年以后呢？什么专业的工作会大量涌现，而什么专业的工作会急剧萎缩？谁能知道？起码学校的人是不知道的。

从今往后，一个人一辈子只做一种工作的可能性会越来越低。人在一生中可能会有很多次转行。基础能力越强、学习能力越强，在必要的时候转行就越快，也就越可能获得好的收入。

之前有人问，为何现在机械工程的学生纷纷跑去当码农？为何大家都这么浮躁不能沉下心来研究机械？我得说，这种转行才是对社会有利的。

人才在社会上的配置，往往依赖薪资。哪里收入高，人才就会往哪里去。而同样的人才，A 行业比 B 行业收入高，基本上意味着这个人在 A 行业能够创造的财富要比在 B 行业高。因此，把人才从 B 行业调动到 A 行业，是对社会有利的。（当然，具有强烈外部性的行业，亦即在自身领域之外对整个社会影响极大的行业，如教师、公务员行业并不服从这一规律，其薪资水平需要进行有意识的调控和补贴。）

当然有人会问，如果搞机械的都跑去当码农了，工业岂不是要完蛋？当然不是这样。如果你把人才视为劳动力市场上面流通的一种商品，那么商品同样存在供过于求和供不应求。早年间财会工作好找、薪资高，后来财会到处都是，就让位给码农了；如今金融业兴起，投行的工作又变得高大上（当然，在美国现在是新型的 IT 业从传统的金融业抢人）。一个高附加值高薪资的行业，随着人员的涌入，需求逐渐被满足，薪资水平必然会下降。供求关系，决定着劳动力市场的价格变化。

然而，如果一个人只具备本专业工作的能力，而不具备学习能力，那么即便隔壁行业的薪资再高，他也跳不过去。这样的话，就是对人力资源的浪费。而在校学习的时间是有限的，学生能负担的学费也是有限的，不可能面面俱到。

所以，无论是个人发展还是社会发展，都越来越要求劳动者有强大的学习能力，能够随时随地地学习，而学校的任务，我认为，应该是培养这种学习的能力和不同方向的基础知识，从而保证学生毕业以后能够比较容易转换方向，变更层级。

PART 6

理性的非理性

人并不总是理性的,也并不总是不理性的,有的时候我们甚至会用理性来选择非理性的行为方式。我们必须要理解的是,这个世界的发展,并不是少数几个人理性的选择。相反,这恰恰是所有人的理性与非理性混杂到一起产生的。在这样复杂、混乱的思想的海洋中,社会意识形态以一种类似于生物优胜劣汰的方式不断生成、演进。社会学、经济学大部分时候都是在创造理论去解释历史上的这些变化发展。只有理解人们的理性与非理性,才能充分理解我们的过去与我们的未来。

如何看待自身利益、事实和选择立场

为什么大多数人看到问题与自身利益关联不大时,不是分析事实而是选择立场站队?

关于这个问题,美国经济学家 Bryan Caplan 在《理性选民的神话》里面有一个理论,叫作"理性的非理性"(Rational Irrationality)。

这个名词初看上去很好笑,理性和非理性不是矛盾的吗?

但要掰开了讲,这个名词要表达的行为模式其实并不难理解。

"理性的非理性"是说,当事人理性地选择了非理性的行为方式。那么为什么理性会选择非理性呢?

这是因为理性的行为方式并不见得总是会给我们带来更多的收益。这好像听上去很奇怪:难道非理性能带来更多吗?

在某种条件下，是的。

一般来说，人总是喜欢听到与自己观点相符的观点、理论、事例，而不喜欢相抵触的。如果没有有意识的心理训练，要承认自己说错了，总是一件令人非常不舒服的事情。

因此，当"是否采用理性的态度来全面而客观地看待问题并有可能产生否定自己看法的结果"与"我从中能否获得显著的实质性利益"基本无关的时候，心理的快乐、不舒服的权衡就成为了一般人选择行为模式的标准。

也就是说，当行为的最终结果并不会显著影响自己的实质性利益时，人们往往会选择令自己感到舒服的行为模式，而不会刻意选择一种理性的行为模式。

我们甚至可以这样理解：人的大脑里面有一个开关叫作"启动批判性思维和自我质疑思维"，这个开关的开启会耗费相当大的精力，并有可能带来一定的痛苦。如果打不打开这个开关都无关紧要，大部分人就会觉得"何必自找麻烦呢"。

这就叫作"理性的非理性"，也就是理性地选择了非理性的行为方式。

不但在网上讨论是这样，正如《理性选民的神话》里面讲到的，这更是民主体制下的一个非常严重的问题。因为任何一个选民，他投出的一票对最终结果的影响都是微乎其微。但是如果他要坚持投出理性的一票，就要去了解候选人的各种政策会有什么可能的结果。他要在纷繁芜杂的分析评论文章里面去芜取精，有时候甚至要否定自己之前持有的偏见。对于任何一个个人来说，这都是非常沉重的成本。那么，既然投出理性的一票的成本这么高，而对最终损益的影响又如此微弱，绝大多数人都会下意识地选择跟着感觉走，而不去花精力分析政见，只是简单地看这领导人长得漂亮不漂亮——即便这和政治能力毫无关系，以及他是不是附和了我的政治看法——即便这看法有可能是错的。

这是当前民主政治理论中的一大难题。

那么，最后回到这个问题：

为什么大多数人看到问题（与自身利益关联不大）时，不是分析事实而是选择立场站队？

——因为他们高兴。

焦虑和应力，内存和带宽

为什么现代社会效率提升，人的生活压力却在不断变大？

面对上述问题，我先推荐两本书，*Scarcity*（《稀缺》）和 *Performing under Pressure*（《执行的压力》）。这两本书由美国知名经济学、心理学、行为学学者写成，基本讲清楚了如今大家的压力都是从何而来，又应该如何解决。

不同的人、学科，对压力的定义都不太一样。一般所谓的"压力"，我们大概可以分为两种，这里暂且把它们叫作"焦虑"和"应力"。

所谓焦虑是你并不知道具体是什么事情造成的，但你总感觉自己压力很大。而应力，是你明确知道是什么事情造成的。

在很多情况下，焦虑，是一种大脑带宽不足的体现，而应力，则是对行为后果难以完全预料或完全控制的结果。

人的大脑很神奇。比方说，你最近睡前一直都在看一本书，昨天看到了245页。今天白天你打开电脑，开始补看《神探夏洛克》，看到了第二季第二集的中间，忽然接到一个电话，朋友车坏了，需要你去接一下。出门的时候，老婆/老公说，过会儿回来的时候顺便买点油，家里炒菜的油没有了。

那么在你去接朋友的时候，你的心里至少要挂着四件事：接朋友、买油、继续看《神探夏洛克》、继续看书。

在所有的有意识的工作方面，人的大脑说白了是一个单核时间片系统。换言之，人一次只能做一个这种有意识的工作，不同的工作要放在不同的时间做，而其他暂时不能做或不想做的工作要暂时挂起。

对于大多数人来说，这是很自然的行为。但是这并不意味着，这些事情对于我们来说就没有影响。

基本上来说，人的大脑有一个有限的"内存"和有限的处理"带宽"。一旦你的大脑处于空闲状态，一个"挂起"的事项往往就会自动被拉出来进行处理。比方说，你开车碰到一个红灯，就开始想，过一会儿去哪里买油呢？买什么油呢？到时候走哪条路去买油呢？《神探夏洛克》这一集凶手是谁呢？诸如此类。

这些都还是很简单的任务，大概对心情影响不大。那么我们来看看这一组必然被长期"挂起"并不断唤醒的任务：

我是不是该换工作了？工资感觉和朋友相比有点低啊……

房贷这个月又该还了。

小孩生病了,又要一笔钱,那么这笔钱从哪里来呢?

电脑真慢,真想换一台,但是要不要用信用卡按揭呢?

老王下海创业了,想拉我去,我到底去不去呢?

越来越多的任务不断吞噬我们的"内存"和"带宽",其结果就是,每时每刻,我们的大脑都要因为这些长期的任务而被迫运转,很难有多少闲暇时间。一闲下来,这些任务就会不由自主地启动。

这可能就是焦虑的来源——你的大脑很难有闲暇的时间。也许没有任何一项事务给你足够大的压力,但综合起来,你却感觉到没来由的压力。

更进一步的,这些具有压迫性的任务,常常会把次要任务挤出。比方说如果你一路上都在考虑孩子生病的事情,可能回家的时候就会忘记买油。

人的这种本能,会使得人在处理这些事务时的能力上升,但会使处理其他事务的能力下降,其中也包括智商下降。(详见 *Scarcity* 内的详细实验数据。)

过去社会比较简单,需要同时处理的事情相对少。这种焦虑自然也就少一些。

处理这种焦虑,也并不复杂。说白了就是把这些东西赶出你的大脑,对每一件重大事项都订立比较明晰的计划,每天或每周检查一下,平时就不必多去思考。具体时间点,定上闹钟或者日程,也就不必专门记忆和自我提醒。或者,更根本的,通过更换工作、搬家、分摊职责等方式主动降低生活的复杂度。一旦你对某个问题下了决策,也就不要再去考虑了。

第二种压力,我们暂且称之为"应力",是针对具体事件产生的压力。

比方说,明天要上台做个演讲,明天会有一个重要的面试、考试、比赛。这种压力的来源,常常在于你即将有一个非常重要的事务,而你对事务的结果并没有充足的掌控能力。

有的时候,你会盲目地思考自己还有什么可以做的,想来想去,不得安宁。其实只要下笔做一个计划,直接考虑清楚你有什么可以做的,要按怎样的计划去完成就好。

还有很多时候你会不由自主地不停地思考失败或成功的后果。而由于大脑"带宽"有限,临场的时候一旦这种思绪占据了大脑,自然就难以考虑别的事情,智商常常会随之下降,而成绩也就不如以平常心参与时的水平。有时候,在重大考试前一晚,这种无用思绪过于繁复,导致无法入睡,也使得临场能力恶化。

我这里的一个小经验是,重大考试、演讲前一天,最多准备到下午,晚上纯粹用于放松娱乐,将情绪舒缓,这才能休息得好。虽临场的时候很多人还是会面临压力,但这是很难用理性思维去压制的。在 *Performing under Pressure* 这本书里,分析了很多这方面或相关的压力案例,并给出了短期和长期的解决方案。比如练习可能会发生情况的应对、压力脱敏、锻炼自信、尽量采用乐观思维等。

由于现代社会个人经历越来越复杂,事务的数量和种类也日益增多,这种压力很有可能频繁出现。这一点就和过去不一样。

总而言之,由于现代社会人与人交往增多,并行任务、每日决策事务增多,重大决策增多,自然就会有更多的压力,但这些压力都可以用各种技巧来尽量削弱。

外来的年轻人，你是否需要和"北上广"死磕

提到是否需要和"北上广"死磕这个问题，我们不可回避地就要谈一谈房价。谈到北京这种"超级中心城市"的房价，第一个要问的问题便是：高房价是不是北京的常态？

有人拿纽约、东京、伦敦的房价来论证北京房价太高，这是错误的做法。如果北京目前的职能不发生改变，北京城区的房价一定会高于前述所有城市。

纽约是文化、经济中心。东京是全功能中心，但只辐射日本的一亿人口。伦敦是个文化、经济、政治中心，辐射的人口也十分有限。

北京是什么？北京是14亿人口的文化、政治、经济、科研、创业的最大中心，还算是半个旅游中心。就算有上海、深圳、广州的分流，但它也至少辐射到了六七亿人口。

这相当于什么呢？

相当于美国人口翻倍，然后把纽约、波士顿、旧金山、硅谷、洛杉矶加上至少三分之一的国家实验室全部集中到一个城市。这房价在自由市场条件下比纽约高是必然的。

中国一大堆金融大亨、电影明星、文艺名人、互联网新贵、高级官员、顶尖教授全都集中在北京，这里的房价怎么可能不贵呢？

单程 2 小时以上的通勤时间是大部分人尤其是脑力劳动者不能接受的。城市的规模最终会受到通勤时间的限制，不可能无限制地扩大。虽然也可以把城市划分为多个功能区块，让人们更多地在功能区块内部通勤，从而在扩大规模的同时控制通勤时间的增长。然而，因为城市规划受制于现有布局而不能随心所欲地调整，所以北京的实际城市结构在可以预见的未来不可能十分理想。

所以，短时间内，北京如果不疏散、不弱化主要的功能，房价都不可能低。当然，目前水平的房价是不是过高，这是另一个问题，因为有很多非市场因素在，这实在是很难确定。

第二个问题是，北京是不是应该主动疏散一些功能。

"社会物理学"（Social Physics《稀缺性物理学》）证明，不同领域的人频繁互相接触，交换思想，会提高创新能力。

在小城市——甚至是二、三线城市——生活过的人，到北京以后，都常常会感觉到北京不同思想、不同领域之间交流的深度和频率都高过自己生活过的那些城市。

北京的创新能力是非常强的。从创业者的角度讲，你在一座城市里就能找齐：

A. 富有经验的高级管理人员

B. 相关学术领域的大量顶尖研究学者

C. 几乎所有中国主要的风险投资基金

D. 各种有大公司工作背景的顶尖雇员

E. 顶尖高校的海量毕业生

可以说，对于大部分创业公司来说，不必出北京就能找齐所有需要的人才。

对于一个作家而言，北京有国内大概半数的顶尖出版社，有其他领域的作家时常举行活动。

对于金融家来说，北京有着各个银行的总部，各种金融投资机构，而且靠近政治圈，能够最快地了解政策风向。

因此，政治、经济、文化、学术、创业，所有这些功能都紧密缠绕在一起，对北京的经济和创新起到乘数效应。

现在的雄安新区，感觉上要初步成型至少要五年。而且如果雄安只是疏散居民区而不是疏散首都的某一个主要功能，那对北京中心区房价的影响可能并不显著，对远郊房价影响可能会比较显著。

那么北京会一直这样吗？这就要看下一个问题了。

第三个问题，年轻人买不起房该怎么办？

如果一定要买房又买不起，那就只能离开。

就这么简单。

这是市场决定的。未来甚至连老北京人,都很可能会被迫离开北京。

这个过程,叫作"Gentrification"(士绅化)。

士绅化的核心就是随着更富有的人迁入一个社区,这个社区的房价就会上升,生活成本上升,社区内较穷的人支付不起这个生活成本就不得不迁出。

旧金山由于受到 IT 创业的辐射,近些年已经开始了新的一轮士绅化,互联网新贵正在把很多艺术家、作家赶出他们的旧金山。

在北京买房,买的其实不是房子,而是"位置"。这个位置是与其有必要交流的人距离很近的位置。如果这个位置不能给一个人带来足够多的收益,那么他就买不起房,就只能把位置让给能从这个位置获得更多收益的人。

但这一定是坏事吗?对买不起房而离开北京的年轻人来说,可能是的。但对整个社会而言,却不见得是坏事。

北京房价产生的挤出效应,会把很多富有聪明才智的年轻人挤出到其他城市。这些年轻人在其他城市的事业发展很可能不如留在北京,但对于整个社会来说,他们到了其他城市会刺激其他城市相关方向的发展。这些城市发展起来,自然会弱化北京相关的中心地位。这就是市场自身的平衡。

至于生活品质,离开北京可能反而能上升。

综上所述，北京全功能中心的地位使得北京房价不会低（虽然当前房价与自由市场条件下的价格有多少差异，这仍然值得商榷）。全功能中心的地位，本身就能强烈地刺激创新。房价确实可能透支年轻人的创造力和生活品质，但年轻人因买不起房而离开北京，对于北京的房价也有反制作用。

展开几个相关问题：

1. 北京现在的房价难道高得合理吗？

不知道。我只能判定市场价的北京房子在北京疏散部分功能以前一定比纽约、东京之类的地方房价高。目前北京房价有很多非市场因素，到底自由市场里面的房价会比这高还是低，实在无法判断。但总之，不必指望北京房价会很低。未来开始收房产税的时候，北京房子的供给会有一个小高潮，房价可能暂时下跌或横盘，但这只是一个暂时的情况。

2. 为何深圳房价不比北京低？

深圳本身是一个经济中心，它能够进行建筑的地域比较狭窄，海岸线相当于直接砍掉了一半的可建筑用地，海边丘陵又砍掉了一些。虽然远郊有新的地块，但是距离市中心十分遥远，通勤距离太长，发展起来会很慢。而深圳公共交通远不如其他一线城市，使得很多区域并没能很好地利用起来，导致中心区房价高起。

3. 如果真的有挤出效应，那些低收入的辅助工作者会怎么样呢？不是应该先挤出他们吗？

首先，由于成本远远超出他们的承受范围，大量低收入工作者并没有打算在北京长久居住，更不考虑买房。他们只是来这里赚钱。比如外卖员、快递员、保洁员、门卫等。所以他们在北京常常不得不接受低于一般住家标准的居住条件，比如地下室、群租房、远郊等。这部分劳动力流动性很大，而这种高流动性对城市的影响并不显著。

那么收入比较低的专业工作者呢？这部分人的高流动性的确是会影响到城市的生活质量。在市场条件下，这部分人的收入会逐渐提升。比如医院里的护士，虽然工资比医生要低，但也会随时间而提高。因为没有他们，医生也没办法正常工作，这属于医生工作溢出的价值。这就像早年间发达国家快餐店服务员的工资都比中国的教授工资高。

但这种提高会同步提高服务价格，也就提高了周边的生活成本。

这种生活成本的提高，会对其他行业产生影响，其他行业也不得不提高价格来留住自己的雇员，于是生活成本进一步提高。如此一来，行业和行业之间会互相挤压，直到有的行业或其中的一些企业承受不起高昂的成本而迁走。有的行业，比如私营医疗，基本上是和本地同行竞争，所以议价能力很强。有一些行业则要和全国同行竞争，比如制造业、出版业、影视制作，所以议价能力较弱。议价能力较弱的行业就会逐渐撤离北京，不但是其中的低收入专业人员，也包括高收入专业人员。这里制造业其实是城市里议价能力最差的，所以它首先被北京淘汰了。

美国硅谷、西雅图生活成本高，目前已经有越来越多的美国知名

IT公司将分部甚至是总部搬离沿海,迁往内陆二线城市。这就是北京未来发展的写照。

建议在北京奋斗的年轻人不要只把目光放在北京和自己的家乡。不是说出了北上广深就是一片荒漠,也不是说离开北上广深就一定要回家。二线城市如武汉、南京、西安、成都、重庆,也有很多机会。尽管职业机会可能不如北京那么好,但如果收入不是高到能在北京买房的话,那些城市的生活水平、教育资源可能比在北京还能好点。不行了就撤,没必要一定死磕。

社交网络的回声室导致"智商隔离"?

2016年11月,在美国总统大选的前一天,Mostafa M. El-Bermawy发现了一个令他吃惊的事实。Mostafa是希拉里的支持者,他是一家软件公司的市场总监。他在阅读美国总统大选期间的统计数字时发现,Facebook上唐纳德·特朗普的支持者数量远远超乎他的想象。而且,有一篇广为流传的名为《我为什么要投票给唐纳德·特朗普》(Why I'm Voting For Donald Trump)的文章他竟然从来都没有听说过。这篇文章在几个月间被分享了150万次,然而,非但Mostafa自己从未听说过,连他所有身居纽约的左翼朋友都没听说过。

这让他不得不重新审视自己的社交媒体。他发现,在此大选前几个月,他的Facebook的时间线上充满着各式各样支持希拉里和桑德斯(民主党另一候选人)的消息,偶尔会有些称赞奥巴马和讨论特朗普丑闻的文章。福克斯电视台网站上那些每天被分享几百万次的支持特朗普的消息，从来就没出现在他的 Facebook 时间线上。

尽管 Mostafa 已经非常注意地寻找对立者的观点——比如到福克斯电视台网站上去找支持特朗普的新闻，他仍然坚信特朗普的支持者是极少数，而希拉里将获得压倒性的胜利，但是选举结果狠狠地扇了他一巴掌。

他因此在 Wired 杂志网站上写道："我们的网络社交已经变成了一个巨大的回声室。在这里我们基本上是和有着类似观点的同伴讨论近乎一致的观点，又因为被恐惧和排外所误导而完全未能深入理解其他社交圈子里面的观点。"

他所提到的"回声室"，是指回声室效应中的场景。所谓回声室效应是说，如果一个人仅与其他持有类似观点的人交流，他常常会误以为自己的这种观点是大多数人公认的。在这种情况下他会越来越坚信自己的看法，甚至还会让自己的观点变得越来越极端。

在当今的社会中，"回声室"可谓无处不在。

沦陷的新闻

对于大多数人来说，第一手信息的来源往往是新闻媒体。在发达国家，很多大牌新闻媒体曾长期被认为是最具公信力的信息来源。然而随着近年来媒体的多元化和实时化，新闻媒体自身的情况正在不断恶化。

两位美国的资深媒体人，比尔·科瓦奇和汤姆·罗森斯蒂尔在《真相：信息超载时代如何知道该相信什么》（以下简称《真相》）一书中提出，除了由利益集团资助的写成新闻形式的软文之外，美国迄今为止有三种新闻报道。

最早的时候，新闻的作用是确证某件事的正确与否以及起因、经过、结果。这被称为"确证式新闻"。这种新闻追求准确性和可靠性。这种新闻往往要求记者进行深入和痛苦的调查和求证。

到了二十世纪八十年代，以 CNN 为代表的新闻电视台出现了。由于新闻可以每天二十四小时播报，及时性变得非常的重要。如果 A 电视台要确证事件之后才播报，而 B 电视台一听说事件就播报，那么很显然，B 电视台就能抢先播报，从而夺得收视率。这就要求新闻电视台在没有确证事实真相的时候，就赶紧播报。

那这时候能播报什么呢？就只能是电视台新闻人员自己的判断了。这时候，事实真相已经不重要了，赶紧把新闻播出去才是最重要的事情。在镜头前，记者能说的，常常不是事实真相，而是他们听说的传言，或者是他们根据不完整的信息所下的断言。这被称为是"断言式新闻"。

既然记者说话都可以不基于事实，而是基于猜测、道听途说和断言了，那么为什么不说点观众想听的呢？反正投其所好的新闻能增加收视率。于是随着政治对立的加重，美国又出现了"肯定式新闻"。

你喜欢小规模的政府？没问题，我可以一天二十四小时不停地给你报道大规模的政府所犯下的错误。你喜欢大规模的政府？没问题，我可以一天二十四小时不停地给你报道大政府所帮助的底层民众和扶助的产业。福克斯电视台和MSNBC可谓其中翘楚，但这类机构并不限于新闻电视台。每个从事"肯定式新闻"的机构，都有他们自己的基本固定的立场。机构的立场逐渐吸引了对应的观众。而从事"肯定式新闻"的记者，不惜歪曲事实、掩盖部分真相，甚至赤裸裸地撒谎，来迎合观众的政治观点，并把立场不同的机构（包括客观中立的机构）斥为撒谎、不诚实、有偏见。

国内的一些新闻媒体——尤其是个别新闻网站——也有类似的问题。当你以为看看新闻就能了解天下大事和整体局面的时候，如果不细心拣选信息来源，也许看到的只是自己的偏见而已。

"智商隔离"与过滤器泡泡

随着互联网的发展，如今人们越来越多地依靠社交媒体来获得新闻消息。

如果一个人的交际圈子并不狭小，那么朋友们分享的信息里总会有各派不同的观点。但是，对于大部分人来说，听到自己的观点被抨击，或者阅读一篇与自己观点对立的文章，并不那么令人愉悦。有的人极端到一定程度，就会和意见对立的人解除好友（或关注）关系，甚至将他们拉进黑名单，从此再也不看他们的观点。

前几年人人网（校内网）比较火的时候，上面曾经有很多热衷于讨论社会、政治问题的年轻人。他们常常为一些问题吵得不可开交。到后来，一些人就开始搞所谓的"智商隔离"。他们认为自己的观点是绝对正确的,而那些观点对立者完全是智商有问题,根本没必要听他们的观点。所谓"智商隔离"就是把观点对立者统统解除好友关系,使得他们的文章再也不出现在自己的页面上。这其实就是人为营造"回声室",产生一个由观点近似者组成的小圈子。

当年那些非常热衷于搞"智商隔离"的人,随着时间的推移,观点大多变得非常极端,喜欢在小圈子里自娱自乐,常常让外界的人感觉已经进入了滑稽的境地。

尽管没有多少人会这么极端,但是随着人工智能推荐算法的日益成熟,我们却也很容易不知不觉地陷入到新技术为我们搭建的"回声室"之中。

像 Facebook 这样的社交媒体也好,像今日头条这样的新型新闻媒体也好,都希望用户能长时间地待在自己的网站或者手机 App 上。用户只有不断地打开自己页面上的文章或短讯才会持久地使用这个媒体。

那么,如果一个人从标题就能判断出 A 文章的观点与他对立,而 B 文章的观点与他很类似,那么他更可能选择哪一篇打开呢?大多数情况,是后者。如果媒体的推荐算法为了提高用户的使用率而不断地迎合用户的话,那无疑就是专门为每个读者都建立了一个他专有的"回声室"。他听不到对立的声音,而只会一次又一次地把自己的观点误以为是放诸四海而皆准的真理。

这个问题被 Eli Pariser 称为"过滤器泡泡"。他在 *The Filter Bubble : What the Internet Is Hiding from You* 一书中论述了这

一问题带来的各种可能的危害。

如果不提防信息推荐算法的问题,那么我们迟早都会被动地"智商隔离"。

到对面去看看

所有这些问题,看上去似乎都是新的技术所带来的挑战:电视和便捷的通讯带来了 24 小时新闻网,而 24 小时新闻网带来了"肯定式新闻";互联网带来了社交媒体和新式新闻媒体,而这两者又需要使用推荐算法来迎合用户。

但我们深入一看,这其实是恒久的人性所带来的挑战。

漫长的进化过程给予了人类这样一种本能:人们会根据已有的少量数据来推测其中的规律,产生观点,而一旦看到了新的能够支撑自己观点的事物,人们就会感觉到愉悦,而一旦看到了会否定自己观点的事物,就会感到痛苦。这种本能,驱使着人们去探索客观世界的真实规律,使人类一步步向前,摆脱了蒙昧。而学习群体中其他人行为的本能,则促进了知识的传播。

正所谓"天地不仁,以万物为刍狗",客观世界不会迎合一个人的观点。然而,人是有可能迎合其他人观点的。同样的本能,在社交环境下,却赶着人们往"回声室"里面走,让人类社会变得割裂、对立。

这就好像人类天生喜欢脂肪的味道、喜欢甜味。这种本能驱使人们得以获取足以生存的能量。然而在物质丰富的今天,却让无数人肥胖臃肿甚至患上糖尿病。

精神生活的健康，有赖于超越人类的那种本能。正如锻炼减肥一样，解决无处不在的"回声室"问题其实并不难，但未必会让人愉悦。

除了前述的《真相》一书中提出的辨别消息可靠性的方法之外，最重要的应该是打破"回声室"，"到对面去看看"，有意识地寻找对立观点，去看看对立者怎么讲。

绝大多数时候，对立方的论述并不是全然没有道理的。虽然初一看整个逻辑并不能让你接受，但深入去交谈，去阅读，你最终会发现观点不同的根本原因。

第一，这个原因可能是了解的知识不一样，其中一方甚至双方都不够全面。这是最常见的情况。

第二，这个原因也可能是因为各自的处境不同、利益不同。比如，期盼一条高速公路的建成能带来商机的村民，和坚守老宅的钉子户，可能就对"强拆是否合理"的观点截然对立。

第三，还有可能是判断事物的基本假定、基本原则不同。比如一个坚持"自由优先"的人，和一个坚持"公平优先"的人，对于遗产税的看法就可能完全不同。

了解对立观点，以及承认对立观点合理的一面，并不一定意味着一个人会改变自己的观点。但至少，他不会变得极端，也不会因为观点偏颇而犯下重大的错误。

人无远虑，必有近忧

公元 1433 年，郑和舰队回到中国。从此一直到被欧美列强击破国门，中国再未派出远洋船队。

当年的人们是这么说的："三保下西洋，费钱几十万，军民死者万计，就算取得珍宝又有什么益处？"

我们今天则已经从欧洲人的故事里了解了远洋航海"有什么益处"。我们的子孙，不应该再从外国人的事迹里去了解发展航天"有什么益处"。拓展贸易、拓展资源来源从长远看总是有深刻意义的。

即便是站在今天，我们也可以清晰地看到，地球的资源完全不足以让所有中国人过上现在美国人的生活。

2012 年中国人均的发电功率为 395 瓦，美国为 1402 瓦。欧洲发达国家一般至少都有 750 瓦。中国要达到发达国家的水平，人均发电量至少要翻倍，要达到美国水平，就要翻两番。

2012年中国煤炭消耗量为38.6亿吨，超过世界煤炭消耗量的一半。2012年中国每天消耗石油1030万桶，美国1860万桶。目前全世界石油消耗大概是每天9000万桶。中国如果要达到美国的人均石油消耗水平，那么中国的石油消耗将超过世界石油产量的七成。

无论从哪方面看，中国人要达到现在美国人的生活水平，都是这个地球所无法承担的。那么难道我们就应该甘心让我们子孙的生活水平局限在一个很低的位置吗？显然不应该。

宇宙中有取之不尽、用之不竭的资源。

所以，中国才要在可控核聚变以及航天方面下大功夫。我们不能等到能源、资源成为我们发展的严重瓶颈时再去考虑这些问题，那时候就太晚了。

人无远虑，必有近忧。对于一个国家也是如此。大学生不应该因为今天想吃烤鸭而花掉明天要付的学费。对于一个国家也是如此。

中国航天过去20多年总开支也就不到400亿人民币，平均每人每年缴纳税款中有一块多钱用在航天上面。以后开支会越来越大，但我想未来一段时间每年最多也不超过100亿，相当于每个人每年平均花销最多不超过8块钱。

为了现在的民生砍掉航天，其实就是以未来的民生为代价。当然有的人说"我死以后哪管洪水滔天"，但是我觉得，即便从自私的基因角度考虑，这一年8块钱也是值得的。

如何理解"你所谓的稳定,不过是在浪费生命"

"你所谓的稳定,不过是在浪费生命。"这句话是非常片面的。

只要明白什么是自己想要的,想清楚自己所选择的道路在未来的发展前景,切实地为整个社会做出了贡献,那么就没有什么选择是在浪费生命。

如今,大城市里的——尤其是一线城市里的——白领人群正在占据越来越多的话语权。越来越多人推崇大城市里的激烈打拼,蔑视安稳而上升缓慢的工作。推崇在大城市里奋斗,并没有错。奋斗对于很多人来说是自我实现的方式。但是在大城市里努力打拼,也是有很多代价的。

因为职业发展的考量,哪里有好的机会就要去哪里,你很难选择自己要居住的地方。因为要时常加班,甚至接受"996"的工作节奏,你的业余时间就会被高度压缩。因为经常出差、调动，你的婚恋可能受到影响。因为要考虑职业上升，孕产的时间要特别规划。而且，你有可能在长期居住的城市里买不起房子、落不了户，未来孩子上学可能会是个头痛的问题。此外，为了寻找更好的机会，你必须花费巨大的精力在信息收集和选择上面。无论你是不是外向的人，你都要被迫去和各种各样的人社交——就算是一些你不喜欢的人。最后，因为大城市里大家都在努力向前跑，有不少人跑得比你更快，你可能会长期处于焦虑之中。

当你在追求快速的事业发展、更高的收入的时候，你必定要放弃一些东西。所以并不是所有人都适合走这样的路径，这条路径也不是所有人的最优路径。

有的人就是喜欢安稳一点，这样能有自己的业余时间做点感兴趣但又不能提供吃饭钱的事情。我曾经很长时间都想去大学任教，有一些自己可以控制的时间，用来专门写作，尽管写作的收入并不多，但也能自得其乐。有一些人希望能有足够的时间来和家人、子女在一起，能把家人照顾得更好，把子女教育得更好。这又有什么不对吗？有的人，在生活中已经遭遇了巨大的风险，比如家人患上重病，这时寻求稳定不是很自然的吗？

所以，稳定本身是没有错的。

但是这也不意味着这句话全然无误。

现实是，很多人并不知道自己要什么。他们只是因为父母、师长的愿望而选择了一条稳定的路径。到头来,他们既不满足于这条路径带来的较低的收入,又不喜欢趋于停滞的职业发展,但是他们贪恋这一份安全感,或者希求以此来获得长辈认可。对于这样的人来说,这条路径就是在浪费生命。因为稳定其实并不是他们想要的,他们在别人期望的路径上浪费了自己的生命。这样的人不免陷于自怨自艾,总去回想"如果当初我做出了不同的选择……"。

另一些人,自己选择了稳定的道路,但错误估计了所选道路的稳定程度。他们把稳定道路带来的富余时间完完全全浪费在了电视剧、游戏、打牌或其他一些纯粹的娱乐活动中,最终一无所长。等到时局变化,他所选的道路失稳的时候,立刻被打得措手不及,无法维持原有的生活水平,陷入困苦之中,那当然是浪费了自己的生命。

稳定只是减少了你需要担心的短期问题,允许你做很多长期的事情。如果纯粹是用在娱乐上了,个人一点长进也没有,那当然是在浪费生命。

所以,稳定是不是浪费生命,取决于你在最基本的"稳定"之外寻求什么。稳定,应该是帮助你追求某些东西的助力,而不是停止追求的条件。

刘慈欣在写作他的早期作品的时候,是娘子关发电厂的一位工程师。当年明月在写《明朝那些事儿》的时候是顺德海关的一位公务员。他们都算是拥有一份安稳的工作,但他们利用这种安稳期来实现自己写作的梦想。美国一些知名的桌面游戏设计师或者视频博主,也并不是专职做这些,而是有着一份安稳的工作来支持他们追寻自己的兴趣。

其实，在大城市里奋斗和追求安稳有时候殊途同归。很多在大城市里奋斗的人，都希望能把钱赚够了，然后去一个理想的地方过自己理想中的生活。有些人去开了青年旅店，有些人去开了书店。我听朋友说起他的一个前同事，在互联网大潮中赚够了钱，又重新参加高考，学医去了。这类人生轨迹的典型，莫过于美国金融家、计算机科学学者、计算化学学者大卫·艾略特·肖（David Elliot Shaw）。肖原先是哥伦比亚大学计算机专业的教授，后来投身于金融业，先从事量化交易，后来借助自身计算机领域的优势，自己开公司做起了高频交易。到了四十岁，他赚得盆满钵满，就开始放飞自我了。富可敌国的肖，完全不需要向任何科研基金申请研究经费。他雇用了各专业的博士，研制了一台专门用于计算化学的超级计算机。据说这台专用超级计算机在做化学模拟计算的时候比最强的通用超级计算机还要快一千倍。他以一己之力大大推进了计算化学领域的研究进步。

无论是安稳的路线还是奋斗的路线，在解决了温饱之后，我们无可避免地会想要自我实现。安稳路线并不必然比奋斗路线低等，它也是自我实现的一种道路。但这条路却更容易麻醉一个人，更容易让他放纵自己，浪费时光。这是值得寻求安稳者特别警惕的。

请拥有一个生孩子的文化理由

为什么越来越多的年轻人连一胎都不想生了？原因太多了。

很多人讲，自己没钱生，自己没时间生。确实，有钱、有时间，自然有余裕生孩子、养孩子。但是越来越多的人在想的问题可不是这些，而是生活质量问题。不想生孩子，绝对不是中国一国的问题，发达国家的高素质人口越来越多地展现了这种倾向。

首先还是来说说国内目前的问题吧。国内目前的问题主要是生育带来的生活压力太大。

北京、上海、广州等一线城市工作压力大，社会化的抚养服务（生育、日托、幼儿园、月嫂、育儿嫂）很昂贵，而且常常并不完整。大部分家庭买不起质量合格的社会化抚养服务。双方全职工作的话，很难有时间自己照顾好孩子。而如果双方中一方在家，且不说对职业发展的伤害,更严峻的是家庭财政状况不容乐观。如果还有车贷、房贷,那么家庭财务风险就大大上升了。

为应对这一问题,城市白领不得不引入外援——双方父母来照顾孩子。但矛盾也随之而来,能处理好这些矛盾的家庭,似乎并不是大多数。

另外,如今城市中展开的"育儿军备竞赛"让父母的压力大大上升。很多人觉得自己的孩子如果上不了这个班那个班,就跟不上节奏。好的幼儿园和小学经常还要面试孩子、面试家长。这给父母和潜在的父母带来了巨大的压力。

假如说你已经预见到你生了孩子一定无法在这场"军备竞赛"中处于上风,那么你很可能会感觉到自己当不好父母,进而觉得自己就不该生孩子。如此一来,潜在的父母可能会感觉到:生孩子这么费劲,压力这么大,我还不一定能给这个孩子好条件,那还是算了吧。

这个问题在美国也很普遍。

当然,这个问题不是无解的,政府可以提供良好的社会化抚养服务,拉平各个区域的教育水平,避免出现"超级牛校",甚至强令限制"育儿军备竞赛"的烈度。这都有助于降低潜在父母的压力,让他们免除育儿的后顾之忧。北欧一些国家在这些问题上做得就比较好。

然而,这并不意味着生育问题就可以这么解决。因为生育率下降还有更严峻的第二项挑战,那就是生育所带来的不可回避的生活质量损害,这是连北欧国家都难以解决的。

首先，目前的生育方式，对女性身体的损害是很大的。贯穿整个孕期，女性都有非常大的生理不适，包括孕吐、睡眠质量变差、疼痛、行动不便等。而且，在大家越来越关心自我形象的当下，怀孕也会带来个人形象的恶化。肥胖、胸部下垂等都会因为怀孕和产子而出现。

再者，生育过程也非常痛苦。尤其是我国公立医院几乎都不能够稳定可靠地提供无痛分娩服务，没有无痛分娩的自然分娩过程对很多女性而言是一个噩梦般的过程。

此外，我国目前家庭文化仍然有待提高。不少家庭的男性都极少参与育儿过程，这使得育儿的压力不成比例地压在女性的身上。"丧偶式育儿"显然并不能提高女性生育的积极性。当然，即便是男女分摊剩余压力，前述生育带来的不便仍然十分显著。

而且生育后，也会有很多不便。

在孩子出生之后的早期，父母需要耗费大量精力来哺育孩子。在这个可能持续几个月乃至一年的阶段，他们都会睡眠不足。生孩子之前还可以随便跑出去旅游、聚餐、逛街，生孩子之后这些娱乐活动几乎都要停止很长一段时间，即使在这之后，也会有诸多不便。夫妇两人的自由，将受到严重的限制。生孩子还要付出巨大的资金成本，这很可能要求夫妻二人降低消费水平。

所以，生孩子付出的成本非常可观，带来的苦痛也非常可观。而反过来看，生孩子带来的收益却又十分有限。

如今越来越多的人有养老金了，社会化的养老服务也在逐渐成熟。

养儿防老的价值越来越低。很多人会考虑："我花这么大劲养个孩子到底能给我带来什么？"不少丁克家庭就是发现生孩子对自己的价值不大，反而会导致生活质量下降，所以干脆不生了。

这个问题，即便是社会服务做得很好的欧洲，也完全无法应对，这导致生育率一路下滑。

这些问题之中，有一些是可以用技术手段解决的。比如自然分娩的疼痛可以用无痛分娩来解决；比如个人形象恶化，可以用公立的孕后康复服务来解决；或者更根本的，所有的孕期和分娩的不适、健康问题以及风险都可以依靠未来的人造子宫技术来解决；生育后出行不便，可以部分地依靠社会化抚养服务解决；育儿的资金成本可以用政府补助来解决。

这些问题解决以后，最核心的问题就暴露出来了：到底为什么要生孩子？

养孩子毕竟要花费大量精力，毕竟有巨大的感情投入，毕竟要损失自由度，感受也不见得总是正面。这不像享用美食、玩游戏那样能提供直接而迅速的快乐。因此就必须有个理由——为什么要生孩子？

这个问题原来的答案很直接，就是养老。但是随着养老保障体系的逐步完善，这个答案就越来越不成立。

有一种答案是喜欢孩子。这个答案总是成立的，但并不是普适的。

目前国内还是流行着生孩子的文化，大部分人都不会去问为什么。所以这个问题暂时不会有特别大的影响。但随着中国经济发展，受过良好教育、有着良好收入的人们一定会越来越纠结这个问题。当社会其他的技术条件、服务条件足够完善的时候，这个问题就会变得特别显著。

人类社会大概会建立一种新的文化，给予生孩子一个理由。这倒不是因为我对社会文化很乐观，而是因为那些不能提供一个理由的人，基本不会有后代。持续有后代的人，必然是拥有一个生孩子的文化理由的人。随着人类群体不断的更替，最后留下来的人，绝大多数必然是认同某种生孩子的文化理由的人。因此才会形成新的社会文化。

PART 7
需求才是原动力

　　人的需求推动了社会方方面面的演进。从最基本的吃饱穿暖开始,到安全的需求,再到精神层面的需求为止,一路向上。需求的产物,有时候并不直观。人类的集合体,比如国家,也有需求。国家对于安全的需求,产生了军队,产生了间谍机构,也产生了对"完整的工业体系"的追求。人们在心理层面享受的需要逐渐催生了所谓的"工匠精神"。宗教对于资金和纪律管束的需求,催生了最早的一夫一妻制度。而人们对于更好的生活的需求,推动了生产力的发展,并由此使得以人为本的思想能够落在实处,不再是空中楼阁。这些需求不断地推动着整个社会产生新的产品、新的规则。充分理解需求,是看清事物发展方向的必要条件。

什么叫作完整工业体系？

完整工业体系，就是一个在外部联系全部切断时，仍然能够自我维持、自我复制、自我升级的工业体系。

具备完整的工业体系，意味着工业部门中任何所需的部件、技术，就算本国的技术和生产能力不够好也还堪用。

那么，为什么完整的工业体系在历史上对一个国家如此重要？这是因为，如果工业体系对外依赖，那么这个国家的整个经济体系在冲突中，就有可能受到严重的损害。

举个简单的例子，朝鲜并不是一直这么惨，朝鲜曾经生活水准比中国高。后来苏联解体了，经互会垮掉了，朝鲜得不到足够的石油、机械零件、技术，于是石油、农业垮掉了，机械化的体系垮掉了，成为了现在的样子。当然，朝鲜国土面积小，在经济体量上是个小国，它本身不足以容纳一个完整的工业体系。这也是中国身为大国的一个优势。

不要看中国很多东西仍然需要进口（比如芯片），如果真的被切断了供给，中国仍然可以生产低端芯片以供使用，尽管优良率比较低、功耗高、速度慢，但是支撑工业体系还是够的。

所以，完整的工业体系在国家安全方面的意义非常显著。无论哪个国家想要威胁一个具有完整工业体系的国家，他们都没有能力通过贸易禁运就打垮该国的经济体系。这使得该国在国际冲突中占据了有利地位。

从经济发展的角度讲，由于一国的产业比较齐全，外国投资时，很容易就能从本地找到生产厂家，大大降低了产品生产、运输的成本（从外国进口零件不但需要支付运费，往往还要支付关税）。这使得中国即便劳动力成本已经明显高于很多发展中国家，大量的产业还是不得不留在中国（当然，完善的基础设施也是一个重要的原因）。

因此，一个完整的工业体系不但对国家安全有好处，还对经济发展有着很大的助益。

而中国最早的完整工业体系，是在苏联援助的 156 个项目上建立起来的。这使得有朝一日即便中国和苏联、美国同时交恶，中国的经济体系也不会崩溃。

世界上现在具备完整工业体系的，恐怕只有中国、美国、欧盟，俄罗斯比较勉强。日本算半个，受自然资源限制比较严重。其中美国和欧盟最强，基本上各个领域都能达到世界领先水平。中国在基础材料、精密仪器、电子等方面水平虽然堪用，但确实较差。俄罗斯退化较严重。

美国很多东西不生产，并不是它不能生产，只是生产无利可图。具体的技术，它仍然是有的。必要时刻，美国依然能够恢复相关的生产能力。

生产力的发展是推动人权进步的最强动力

可能一些朋友从来都没有意识到，人类历史上最强的推动人权进步的力量就是生产力的发展。

如果没有洗衣机，男女大概永远也无法平等起来，因为女性每周花费在洗衣服上面的时间极大地削弱了其全职工作的能力。而没有女性经济地位的上升，又怎么可能把这种工作让男性来分摊？再考虑到男女之间力量与耐力确实存在差异，那么只有当生产力发展到一定阶段，力量和耐力不再是大多数岗位考验的素质的时候，男女在职场上才能平等地竞争，这才会使得女性经济地位上升。

现在的社会福利体系，无不建立在如今强盛的生产力之上。没有如此高的生产效率，社会如何能向低收入者提供足够的物质福利？

普及教育、社工、照顾老人和残疾人都需要有大量脱产人群。没有强大的生产力，如何能保证这些人有饭吃？

没饭吃，就不用谈什么以人为本、人文关怀了。古代大灾之年，"人相食"是常事。

从物理、化学，到农业、水利，到机械、材料，到计算机，一系列科学技术的发展让如今的世界越来越美好。这不仅仅改变了我们的生活，更改变了我们的人生观、世界观、价值观。

The Clockwork Universe（《机械宇宙》）一书就讲到，牛顿那个时代以前的英国社会往往觉得世界充满了不确定性，今天活得好好的人，说不定明天就死掉了；说好今天要到的货，很可能一个月以后才到；约好今天要见面，跑过去一看，人不在，第二天又去，人还是不在。英国人普遍还有种"搞不好明天世界末日就降临了"的感觉。没有什么是确定的。自然界那股不可捉摸的力量占据了主导。

而当政治统治面临着高度不确定性的时候，官员的政绩就难以评估，于是英国充满了卖官鬻爵和恩庇政治——因为选贤任能是几乎不可能的，你难以评估一件事情的成败是因为那个人还是因为某些自然因素。

是时钟、火车、电报，以及支撑它们的一整套科学理论，改变了整个欧洲的文化。人们忽然发现世界是可以捉摸的，很多规律是确定的，很多事情是可以得到全面评估的。人们对世界的看法发生了剧烈的变化。

可以说，就是科学的发展，让人们的观念从"成事在天"逐渐转向了"事在人为"。人们开始相信,经由人自身的努力,这个世界可以得到改造,变得更加美好。人们才能够开始逐渐摆脱过去封建迷信的束缚,开始重视人类自身。

所以,没有科技发展,就没有人权发展,更谈不上什么以人为本。

关于中国芯片的失败论和速胜论

我国一些有远见的大企业,无不在进行芯片上的布局。只是有的因为贴近消费者所以为人所知,比如华为的麒麟芯片。还有很多因为是面向企业用户的,所以一般民众并不知晓。

有很多人总觉得芯片设计现在都不够高端了,一定要芯片生产设备够"核心"才够高端,进而觉得中天微、麒麟、龙芯都不行,没有芯片生产设备就什么都是空的。

如果类比于抗战,这就是失败论。速胜论固然不可取,失败论同样不可取。

争夺产业领域技术制高点的过程,不是一蹴而就,不是说还没爬最后一个山坡就等于没爬。路要一步一步走,饭要一口一口吃。

有了本土汽车总装厂,才会有本土的一级零部件供应商,然后才会培育出本土二级供应商。在工业领域，常常必须是先有需求，再有供给。如果没有本土汽车总装厂，本土一级零部件供应商（如果存在）就得把造出来的东西越洋过海地卖给外国的总装厂，而且我们还是后发者，没有技术优势。这怎么竞争得过外国的一级零部件供应商呢？如果说在别的产业我们还可以依赖日渐衰微的人力成本优势来争取产业转移，在资本高度密集的芯片业，这种优势的作用微乎其微。所以，要发展我国的芯片产业，必须要看本地产生的芯片需求。

芯片的需求在哪里？在机电产业、在通信产业、在互联网产业。这些产业强大了以后，才会产生强烈的需求，刺激本土芯片设计商的崛起。本土芯片设计商有更好的供货稳定性，也有更好的售后服务和设计上的协同性，自然有可能拿到订单（尤其是出了 2018 年中兴被制裁的事件之后）。本土芯片设计商崛起以后，就对本地代工生产芯片的业务产生了强烈的需求。既然客户（本土芯片设计商）和客户的客户（本土机电制造商之类）都在国内，自然芯片代工厂设在国内最赚钱。

有了强大的本土芯片代工厂，就会刺激本土芯片生产设备制造商的产生和发展。

路就是这样一步一步走的。中国芯片设备一直都有研发，但是没几个人买，毕竟代工产能都在国外。得要有人买，才能产生研发的正循环。初期的设备出问题会很频繁，必须要有很好的售后才能推得开。这一点本土企业还是有优势的。政府显然也更喜欢补贴中国本土芯片代工厂来买本土芯片生产设备。

这就是需求和供给的关系。

还有人说,芯片设计软件也是人家的,这也是一项核心技术的缺失。其实当本土设计力量足够强大的时候,尤其是知识产权更加严格之后(那时候大量中小企业才能体会到专业设计工具有多贵),必然也会出现本土的设计软件。

这些都会有的。

所以也大可不必讽刺说中国过去误入歧途,在互联网产业和房地产上投入太大。互联网产业对其他产业的推动力非同小可。先进的实体经济领域公司,没有哪个不广泛采用各种网络服务。这都会提升企业的竞争力。而互联网产业本身,又对芯片有着巨大的需求。功成名就的互联网巨头,多多少少都会对芯片产生投资欲望。中兴事件一出,互联网巨头们可能行动会更快一些。

而中国的房地产行业的兴起,是因为政府需要通过卖地收入来获取基础设施建设所需的大量资金。城市要扩张,就要建设地铁、道路、供水设施、垃圾处理设施、废水管路,乃至新的医院、新的学校、新的公园。这都需要钱。房价越贵,后面收到的土地出让金就越高,政府就越有能力进行基础设施建设,让城市能够承载更多的人口、更多的企业。这是中国 2000 年后产业大发展的一个基础。

当然,这个路径很快被炒房者利用,赚取了大量金钱,产生了深重的社会矛盾。如今,这条道路就要逐渐被废弃了。可以看到政府正在进行尝试新的路径，比如公租房、房产税等。可以预料，如果新探索的路径被证明为有效，那么很快，各地政府就会纷纷对"土地财政"路线进行一个彻底的收尾，然后转入新路径。这就是为什么我认为房价最多只有一轮大的涨情。如果政府实验顺利的话，可能一轮都不会有了，那样的话房价只会进入长期的停滞，被通货膨胀慢慢把房价挫平。

总而言之，互联网产业也好，房地产也好，都为中国经济发展贡献了力量。不能因为我国如今在芯片产业遭遇了挫折，就说过去发展的其他产业全然错误。这些先行发展的行业，要么是为后期的行业铺平了道路，要么就刺激了后续行业的发展。正如在成熟的互联网企业阿里巴巴开始投资芯片产业一样。

那么有朋友肯定会产生疑问，尽管我们现在有了强烈的芯片需求，可我们十分落后啊，如何才能追赶呢？凭什么我们能竞争得过欧美现有厂商呢？特别是真正在芯片领域里有第一手经验的人，更容易对目前中国和发达国家的芯片产业的竞争抱有灰暗的预期。一个常见的问题是，目前芯片行业普遍都觉得收入太低、规模太小，这又怎么和欧美大规模、高收入的研发团队竞争呢？这些问题我们会在接下来的两篇文章中讲解。

突破现有格局，才是中国芯片产业的未来

很多人都不能理解产业是怎么发展的，尤其是产业技术是怎么发展的。

对这个问题的一个被点赞很多的知乎解答就是一个典型的例子。那位网友把一切问题都归咎于"肉食者鄙未能远谋"。认为"肉食者"把芯片行业的研发人员的工资搞得很低，认为全国人民歌舞升平，被蒙蔽了眼睛，没能给予芯片行业从业者足够的薪水。

很多人都有这样一种习惯，即一旦事情没有按照他们理想的方向发展，他们就会认为一定是有人犯了坏或者犯了蠢。但这通常都不是事实。

首先，为什么芯片行业不给相关从业者足够的薪水呢？

我们不妨追问一下，如果芯片行业从业者的工资很高，那么由谁

来买单呢？

消费者来买单吗？消费者来买单，就需要产品有市场竞争力。如果已经有市场竞争力了，无非就是投入产出比的问题。能够自负盈亏，就不要再抱怨消费者不愿意给你更高的价格，让你不能拿到更高的工资。这就是个纯市场竞争问题。

还有很多人希望都由政府来买单。然而，政府买单是很麻烦的事情。没有市场竞争力的东西，政府不可能无限期买单。总有一天要面对市场竞争。而且政府的投入资金有限，你的竞争对手却很可能是国际巨头。你怎么保证你在有限的时间内，以可能远少于你竞争对手的研发资金，使你的产品能够获得市场竞争力？

在这种状态下，难道政府会很开心地看着研发人员拿着"有国际竞争力"的工资，然后做着一个不知道什么时候才能有市场竞争力的东西吗？这不经常是巨额资金打水漂的前奏吗？

之前倪光南院士的某位弟子写了一篇广为流传的回顾国内通用CPU发展和没落的文章，到最后似乎还是把问题归结在政府没有给予足够的支持上面。但这真的是问题所在吗？

倪光南院士的奋斗固然值得尊敬，但也要看到这条路在商业上没有任何成功的可能性。

为什么呢？

他们不但要研发自己的通用CPU，还要研发相应的电脑主板，以及大量的底层固件。即便采用了开源的Linux操作系统，当年这种计算机的各种应用软件还要自己来做。这是拿政府给予的有限的资金，去和英特尔、AMD、微软、无数电脑配件生产商以及海量的应用软件开发商去对抗。倪光南院士团队在人员、资金上都是不止一个数量级的劣势。如果这种仗都可以打赢，那倪光南院士一定是从三峡大坝下面把威震天挖出来了。

当然，这并不是说倪光南院士的努力是没有意义的。这种研发的努力不但保证了我国拥有了通用 CPU 上面的安全保障（即就算我国被欧美彻底封锁，倪光南院士团队的成果也能保证我国各行各业有合格的现代电脑系统可以用），还为我国芯片设计培养了一批又一批的优秀人才。

直接拿着政府有限的资助去和欧美成熟大企业正面硬杠，这种思路要不得。这是因为：

第一，政府没有那么多钱能给你用"市场价格"打造一支国际顶尖的豪华研发团队，政府也没有那么多钱把这支团队维持许多年，直到他们能打造出超越欧美对手的产品。政府的决策模式决定了，它在判断一支团队的研发水平、一个商业领导者的商业嗅觉以及管理水平方面是有先天不足的。政府投入重金去打造这样一支团队，多半结果就像汉芯那样，钱花了很多，结果却并不理想。如今政府也逐渐开始转变做法，开始更倾向于风险模式，普遍撒网，而不是"选个人生大赢家"模式，也就是更注重"助推"而不是"栽培"。

第二，欧美成熟大企业的产品不是停滞不变的，而是不断改进不断升级的。也许你有自信能在五年内做到甚至超越英特尔现在的水平。但是五年后英特尔会拿出更好的产品，届时你的产品还是没有竞争力，你还是卖不出去。你卖不出去就赚不到钱，你就不能"断奶"。只要断不了奶，这个产品、这家公司的"死亡"就随时可能发生。毕竟，政府不可能无限期给一个没有市场竞争力的团队买单，毕竟这又不是国防项目。

欧美大企业的优势，是根深蒂固的。

很多人，甚至是很多业内人士，都在这种现实面前灰心丧气。

那么中国的芯片业是不是没有希望了？

当然不是。

第一，发展芯片业从来都不是必须从最流行、最重要的产品开始。

芯片要有突破，一定要谨慎地寻找战场。首先选择那些对产业生态要求很低的场景。龙芯做了半天通用CPU，后来转向去做工控用的芯片，这就是一个非常明智的选择。工控单片机（SOC、MCU）其实对产业生态要求很低，辅以少量的在流片、销售上的政府定向补贴，就能实现最初的市场竞争力。打开一个领域的市场以后，才能逐步实现正循环，然后扩张到更多的应用领域。选择自己的战场很重要。既然国内芯片企业的一个优势在于可能有政府补助，那么只有在这种优势能够转化为强大的市场竞争力的情况下，这个产品领域才值得选。芯片企业最终都要面对市场竞争，政府资助能够切实地转化为市场竞争力，并逐步实现自立，逐步"断奶"，这才是芯片企业发展的正道。

期望政府政策包打天下，那是不现实的。

第二，对现有霸主的颠覆，未必源于本领域。

比方说吧，英特尔地位的下降，最终可能是来自手机操作系统对 PC 操作系统的反攻和 Windows 对 X86 体系的背弃。Windows 锁定了 X86 芯片体系很多年，没有 X86 专利授权的芯片企业，以前就做不出兼容 Windows 的芯片。芯片不兼容 Windows，用户就少，收益就少，能投入的研发经费就少，也就更难以和英特尔/AMD 匹敌。但是，越来越多的人开始使用电脑，其实大部分人并不需要 Windows 上面种类繁多的应用软件。安卓体系之中日益增多的应用、日益提高的手机处理器，已经能满足越来越多人的需求了。随着这些事物的发展，手机芯片、手机操作系统反攻桌面应用，是正在发生的事情。X86 体系的地位开始受到越来越多的挑战。另外，Windows 也开始脱离 X86 体系，逐步提高对 ARM 芯片体系的支持。所以未来英特尔最强有力的挑战者，未必是 AMD，反而可能是高通、华为之类。

操作系统上也是一样。未来 Windows 最大的挑战者可能是安卓。而安卓未来最大的挑战者，则可能是某种云操作系统。

为了突破，我国芯片业选择的战场未必就是如今的主流产品。欧美顶尖企业在这些产品上的优势已经根深蒂固。我国芯片业反而可能从一些未来才需要的产品上进行突破。毕竟，在这些产品的设计上，大家都还没有太多的理解，欧美的优势没那么大，也还没有严密的专利布局。有限的政府资金，甚至是风投资金对研发的助推，都可能会产生显著的暂时优势。而随着时间推移，这些产品会逐步反攻现有主流产品的地盘。

中国芯片业的突破，不但有赖于我国一辈又一辈研究学者的不懈努力，也有赖于商业界寻找适宜突破的商业模式、商业领域。这绝不是政府多投一笔钱、民众多关心关心就能解决的。我们不必灰心丧气，但也不能认为政府资助是万灵药。

从中兴通讯被美制裁想到的一些事

2018 年中兴因为被美国制裁而丧失了很多芯片的供货来源，一些产品就供不上货了。

这件事对于通信行业而言，是空出来一大块市场，大家会疯抢。少了竞争对手肯定导致价格上升。但美国继续向其他公司——比如华为——下黑手的概率不大。毕竟要抓住华为的把柄，肯定不会像抓住中兴的把柄那么容易。因为华为 2008 年前后和思科"打"了一次，那一次华为拼死努力，最终勉强逃脱。因为这个事情以及其他的原因，华为做了应对。第一是把关键器件供应商再分散一些，培育了一批日本供应商，这就是在他们的产品还不能和美国竞争者相比的时候就采购他们的器件；第二就是花费了巨大的精力来保证自己在各地的经营活动符合法规，尤其是防止美国人抓小辫子。还有就是开始投入上万的研发人员，以及数十亿的资金来开发自己的芯片。

在商业领域做久了，有时候会产生一种幻觉，就是大家都是开门做生意，军品也许买不来，但是哪有买不来的民品呢？中国的商界之前就是没有被狠狠地扎一下。但这也不全然是坏事。正如对于一个健康的人而言，被人打了一顿，没打死，并又能让他醒悟过来，赶紧强身健体学习武艺。那么下回见面，就不知道是谁打谁了。

我看到这次事情一出，好多人在讽刺说：中国搞房地产不搞芯片，你看这下出问题了吧。其实中国在好几年以前就开始大力投入芯片产业了。国家集成电路产业投资基金在2014年就成立了，这几年投资和辅助中国企业海外并购，都已经出手了很多次。也和美国政府产生了一些冲突。这些年各地投资的芯片厂也是遍地开花。但是我国的商界并没有跟上。培育我国的芯片产业，光靠政府投入、并购外国企业，这是不够的。必须要我国强大的机电产业愿意在我国自产芯片还价高质次的条件下先买起来、用起来。

毕竟，中国作为追赶者，一开始就在重要的芯片领域做一款性价比极高的芯片是不现实的。芯片投产的固定成本极高。没有很好的销量，芯片的研发成本、流片成本平摊在每一块芯片上的金额就比较高，价格就降不下来。就算政府有一定的补贴，可能全寿命周期成本仍然无法与海外大厂的产品相比。

出于商业考量，国内企业都不太喜欢用国内这些水平还不高的芯片。有些很有希望的团队，因为商业拓展上的困境而关门大吉，有的也只能苦苦支撑。有的虽然有自制芯片的想法，但是较小的预期销量和巨大的流片开支都让他们望而却步。

这时候，最关键的推动力，就在于我国的企业要愿意用这些还没那么好的芯片。本来我国企业可能还没有那么大的动力用国产芯片，如今美国政府给了他们一个巨大的动力。

工业机器人四大家族之中的ABB，总要采购大量的谐波减速机。谐波减速机是工业机器人的核心零部件之一。世界上品质最好、出货量最大的谐波减速机厂商是日本的哈默纳科。ABB大部分谐波减速机也是采购自哈默纳科。然而，ABB总是会把一部分谐波减速机的采购额分给一家德国的厂家，尽管这家德国公司价格更高、水平更差。这就是为了避免被日本厂商卡脖子。一旦日本厂商因为任何原因（比方说地震或贸易问题）而停止供货，那么起码还有欧洲厂家可以供货。

企业经营是有风险的。谁都害怕别的国家别的企业卡自己的脖子，正如ABB的例子。当企业发现自己在原材料方面有战略风险的时候，就会寻找其他的供应商，降低断货风险。这一次中兴被制裁的事件，就给很多中国公司敲了个警钟。让无数的中国公司意识到，自己从欧美进口芯片终究是有风险的。如此一来越来越多的中国公司，就会开始考虑扶持本土供应商。所谓扶持，最根本的就是在本土供应商的产品还不够好和不够便宜的时候就先买起来、先用起来。不但要买和用，还要派出技术人员、质量人员乃至管理人员来帮助对方提高水平，还要投资这些供货商，让他们能有钱研发新产品。

以后我国的很多大企业也会越来越多地采用这种策略。尽管我国新出现的芯片产品不可能对外国主流产品产生优势，但也会在这次事件的刺激下获得更多的份额。这对我国的芯片设计业来说，是一个重大利好。

　　另外，我国的芯片代工产业也在快速发展。芯片生产设备制造商——美国应用材料，近一两年有接近一半的销售额发生在中国大陆。各地都在新建芯片厂。尽管芯片制造工艺（或者叫"制程"）还无法与美国、中国台湾的厂商相比，但满足一些基本的芯片生产需求还是可以的。这些都是在近年来越来越强劲的国内芯片需求的推动下才产生的局面。

　　随着我国这一批芯片厂的建立，中国大陆的流片、封测成本会大大下降。而且我也不怀疑，中国政府会大力补贴芯片研发以及流片。这都会让中国的芯片产业迎来高速的发展。

　　再者，此次风波之后，国内很多大的企业都会产生非常强的危机感。跑到国外做芯片领域的并购也好，自己建立芯片战略投资基金也好，都会多起来。芯片业从业者转行做相关的战略投资，也不失为一条好的职业发展道路。

　　中国在国外的芯片领域、芯片生产设备领域，其实都有很多"人员储备"。这包括留学生、绿卡持有者乃至华人华侨。如果国内有足够好的机会，就可以在几年之内集结起一支强有力的研发力量。我有几位芯片及相关领域的朋友，其实已经在琢磨着回国了，只是还没有合适的职位。我看他们回国工作的机会就会在未来几年间出现。

二十世纪九十年代末，中美的几次冲突并没有让中国伤筋动骨，却刺激了中国对国防研究的大力投入，这才有十几年后的国防成果井喷。如今这次冲突，对中国而言，也是一样的道理。芯片设计、芯片生产、芯片生产设备、芯片设计软件工具等多个行业所形成的整个产业链条都在得到越来越多的社会关注和资本偏爱，我国未来这些领域的发展是可期的。"中兴被制裁"这一事件无疑会加速这一进程。

当下年轻人创业需要注意什么

未来国家经济发展好不好，取决于中国能有多少出色的初创企业。

中国不可能一直跟在欧美后面搞山寨。这么多的人，要想富裕起来，一定要有本国独创的产业以及林立的创新企业。这些产业和企业，显然是不可能依靠现有的国有或私有的大型财团来发展。越大的财团，往往越为保守。他们可以守成，但不足以拓土。

所以，中国经济要进一步发展，就要有大量的初创企业。要有大量的初创企业，就要求中国产生一种创业的文化，要求中国建立对初创企业更友好的环境，就要有强有力的教育体系、联络途径、物流渠道、城市基础设施、社会安全网等。

对于一个小国来说，走向发达的关键在于赌对产业，大力扶持。往往两三个产业赌对了，国家经济就发达了。对于一个大国来说，赌对几个产业并不能改变大局，把造船、消费性电子产品、汽车都做成世界第一，也不能让中国人均达到发达水准。对于大国来说，产业的兴衰胜败都是常事，要保证国家经济走向发达，就要有无数的初创企业去尝试无数可能的方向。小国的产业，主要是选的，大国的产业主要是优胜劣汰的。

传统的"自有/自筹资本创业—获取贷款—扩大规模"的产业发展模式已经不足以支撑创业所需要的速度了。创业和风险投资，将是未来经济发展的发动机。一个国家内部创业的水平，决定了这个国家在未来一个阶段的经济活力和发展前景。不主动鼓励创业的国家，未来的经济表现只会更差。

世界上能看清楚在下一个历史阶段中创业对于国家经济发展的关键作用的国家不多。甚至可以说，绝大多数国家就算明白了这一点，它们的文化、教育、基础设施、资本存量等方面都不足以支撑全国范围的大规模创新。在国家层面存在全民创新的可能性，政府还重视创业，这是不太容易出现的事情。

这可以说是"为什么我对中国未来发展有信心"的一个最新的原因。

那么对于年轻人来说这意味着什么？

我觉得这意味着第一要冷静。

这个时代开始，你的周围会有无数的成功典范。可能到处都有白手起家五年、十年身家过亿的案例。于是刺激自己也蠢蠢欲动，就想着找个方向投入进去,然后找到一个慧眼伯乐,自己也就发达了。甚至还不惜去找父母借钱来进行第一波投入。还有的会辞职回家,借点钱吃糠咽菜搞开发,指望一夜暴富。

全民创业并不意味着全民成功,而是一将成名万骨枯。从美国知名投资机构 Y Combinator 那里能拿到种子轮投资的企业,成功率不到 1%。过了天使轮的,成功率不足 10%。A 轮死、B 轮死、C 轮死、上市死,都是大把大把的。

我上面写的"要有大量的初创企业,就要求中国……"这句话里面有一个对于发展创业的要求是"社会安全网"。说不定很多读者看到这里都忘记了什么是社会安全网,社会安全网就是你沦落到不行的时候,政府和社会还能为你提供的生存保障。这包括最低收入保障、全民医疗保险、失业保险等。为什么创业会要求有社会安全网?因为大部分创业都是要失败的。一个国家没有过硬的社会安全网,大部分人都会有生存的顾虑。

所以,年轻人想创业,首先要冷静,不要觉得这条路就能怎么样。这条路失败率是很高的。你必须对你的想法进行客观的评估,多方咨询,觉得确实可做再去投入,而且做的时候要不断验证你的想法是否正确、是否真的有市场。埋头苦干,最后没有市场,那么时间精力就都白费了。

这个社会里,大概 99% 的人都不适合创业。呼吁全民创业,只是希望那些有专业技能、经验和点子的 1% 的人能做出点东西来,是让政府和社会为这部分人提供有利的创业条件。所以年轻人（尤其是家庭经济条件有限、输了就一无所有的人）不要贸然就冲出去了，成为了成功率的分母。

第二意味着要有过硬的技术根基，要不断学习、不断实践。

那种"只缺一个程序员了"的笑话我们都听过。问题出在哪里？问题出在，点子很廉价，而执行很严峻。我的一个朋友想到了一个很棒的点子，是关于名片管理的，但自己没有技术，还在想着的时候，就发现有一拨带有学术背景的人已经把这个点子做成产品了。

未来成功的创业者，不是那些能想到点子的人，而是不但能想到点子还有能力使之产品化的人。空有点子，没有技能，基本不可能成事。这意味着，要想创业成功，起码要学过大量的相关的东西，最好有第一手的实操经验。

创新不是你在洗澡的时候灵光一闪，而往往是你在长期的学习、实践之中逐渐领悟到一个问题可以有新的解决方案，或者发现一个别人尚未意识到的待解决的问题。不断学习、实践，这是创新的前提，也是创业的前提。躺在床上空想，是不可能成功的。

第三意味着要不断扩展人脉。

亲戚朋友这些人，往往和你有着类似的背景。他们知道的，你都知道，他们的技能，你多少都具备。然后你去创业，就发现你从你的关系网里面找不到能填补你技能缺失的人。没有人是全能的，你和朋友、同事去创业，一定会有技能空白。这种技能空白必须依赖你的庞大人脉来填补。主动、广泛、有效的社交，是创业必不可少的前提条件。这方面的问题，可以参考"强关系、弱关系"的文章。那些点头之交，给予你创业的帮助可能会远高于你的父母。

有了广泛的人脉和过硬的技术根基，就算你自己没什么好点子，也可能会有一些有点子的人找到你来填补他们团队的技术缺失。

PART 8
中国是发达国家的粉碎机

我国如今所在的位置,以及我国未来将要走上的道路,对于我们的个人发展十分关键。中国面临着非常严峻的国际竞争,我国已经拥有了能够改变世界经济格局的力量。未来的道路不但充满未知,而且也会是强敌环伺的坎坷之路。如何正确理解当前中国所面临的机遇和挑战,将事关我们每个人的工作和生活。

如何理解中国是发达国家的粉碎机这一说法？

"发达国家粉碎机"这个名词，是我在 2009 年的时候提出来的。当时在龙的天空和西西河都发了文章，来讲解我的想法。

2011 年的时候，我根据一些常见的争议，修改了一下，进一步阐述了相关的一些看法。

我当时提这个概念，是因为看到很多人搞错了发达国家与发展中国家收入差异的直接原因。当时很多人把问题归于政治制度、金融，甚至于文化、人种。有些人虽然能意识到科技是决定产业盈利能力的直接因素，但却认为发达国家的科技优势是中国无法追赶、无法比拟的，继而认为中国必然无法发展起来，更无法实现发达。

从这个出发点，我那篇文章的论证思路就是要说明，发达国家的生活水平的优势和技术上的优势并不是永恒的。中国即使没有技术创新，也不至于说追不上很多发达国家。

时间又过了五年，即2016年，我也真实地切入到了中国的实业之中。就这段时间的观察，我也有了些新的见解可以分享。

如今的中国民营实业，除去少数国际化的大中型公司（比如华为），其实是分裂为两类的。

一类是我国传统民营企业。它们的特征是善于用现有技术大规模复制，以价格优势击败外国同行或填补市场空白。这些企业，很多并不是独立成长起来的，而是与过去的或者是同时期的其他传统民营企业有千丝万缕的联系。

比如说深圳的华强北就聚集着一大批这类典型。这些企业往往都是由同一批人及其同乡、同僚、前下属等创业的。他们一开始做BP机、山寨功能机、MP3、MP4，一直发展到如今的智能硬件。哪一个领域被他们涌入，哪个领域就变为红海，价格直驱谷底，然后他们为了利润，又会寻找下一个市场机会。他们把安卓平板的价格打到了谷底，然后又乘着机器人概念的东风，转而利用平板的技术来开发简单的所谓"家用机器人"或者"陪伴机器人"。

这一批企业往往并不重视新技术的研发，而专注于攻破现有本国或外国产品的技术壁垒。只要有一个企业攻破了壁垒，这个壁垒往往就会全线崩溃。无数的同类企业迅速涌入。同时产生出大批子系统、零部件供货商。之前我们看到了低端功能机、平衡车、低端四旋翼等产业已经发生了这类事情。而未来，激光雷达、中端无人机、中低端工业机器人也必然要上演类似的剧目。正是这批企业，截断了那些缺乏足够技术实力的发达国家的后路，并不断侵蚀其产业基础。2009年我写的"发达国家粉碎机"的论调，正是基于这些企业的发展。

第二类企业是创业企业。他们天马行空，尝试着最新的商业模式和最新的技术。他们九死一生但却以一种类似于生物进化的模式不断将整个商业环境向前推进。

对于创业企业来说，中国是一个非同一般的市场。虽然仍然有大量的不规范和法律空白，但这个市场的体量足够大。数不胜数的以满足极端狭小需求的创业企业都可以蓬勃发展，而任何能够满足大规模需求的企业，一旦在中国市场站稳脚跟，往往就具备了向国际市场进军的实力。从 QQ 照抄 ICQ，到 Whatsapp 抄微信。中国创业大潮已然改变了中国与世界产业的格局。

创业的成功者推动了中国急需的产业升级，而从整个商业环境的角度看，那些死掉的创业企业，也并不是对资本的浪费。这些企业的运营过程，让海量的商务、销售、研发、管理人员得到了实战历练，这些隐形资产将被带入到其他的公司、其他的行业。整个中国商业界都在这创业大潮中受益匪浅。

如果一个人一辈子就做一个岗位，他的成长可能早早就停止了。一个人的持续成长有赖于有人不断将新的资源交到他的手上，让他去解决新的问题。创业，将成熟的人才从成熟企业中吸引出来。一方面他们的继任者将在他们的岗位上得到历练，另一方面他们自己的技能也会得到成长。更进一步地,他们的经验和技术,也会向其他的企业、其他的行业扩散。

创业大潮不但是产业推进剂,更是强有力的产业催化剂。我们也许要在十几年以后才能反过身来看清这次大潮的全面影响,就如我们现在回头看加入WTO一样。

"你只能到此,不可向前。"

这是中国创业企业对那些"落后发达国家"的死亡判决。依托庞大的国内市场、海量人员供给、越来越强有力的商界与政界的促进创业的举措,中国创业企业(尽管良莠不齐)正在前方堵截,封锁了那些缺乏足够国内市场和研发实力的发达国家的上升路径。德国提出了工业4.0,但谁能真正大规模实现这个概念呢?我并不会把赌注押在德国身上,因为德国有技术有生产力,但没有市场。

如今两大打车App为何分别来自美国和中国?为什么不是日本?为什么不是西欧?

Whatsapp依托于美国市场,微信依托于中国市场。可有知名手机即时通软件能够依托于印度市场?

从这个意义上说,创业大潮的兴起,让中国在很多发达国家面前具备了更强劲的竞争力。这意味着,除美国以外,中国可以对所有其他发达国家保有很大的竞争优势。

欧洲唯一的自救手段在于快速推进欧洲一体化。然而这恐怕并不现实,尤其是在中东问题造成民族主义迅速崛起的当下。西班牙、意大利之流，作为发达国家的竞争力岌岌可危。

韩国、中国台湾地区，将不得不与中国大陆的经济实现高度融合，从而能利用中国市场而不是被中国商界碾压。而日本，固然实力雄厚，其不利于创业的文化环境和日益加拉帕戈斯化的产业格局，也并不令人乐观。还记得当年借助液晶／等离子技术，日本电视机产业实现了对中国电视机产业的反杀，然而在今天，下一个"液晶／等离子"技术在哪里呢？如果只是拼研发积累和资本运作，日本还有多少个产业能够将优势维持到21世纪后半叶？有的人喜欢拿中国游客买马桶盖、买电饭煲说事。这两样东西其实并没有多高的技术门槛。小米的IH电饭煲已经推出了，马桶盖也早就有了。就以中国制造业的实力，这种产品一旦证明了有市场、能推开，成为红海简直指日可待。

当然，所有这些还需要几十年的发展，才有可能产生世界格局层面上的显著变化。并且即便中国把一些发达国家拉下马了，人均经济水平也不见得能高到哪里去，毕竟很多实力不强的发达国家的经济体量并不大，就算他们的产业被中国夺取了，中国人均收益也十分有限。此外，中国也还有足够多的其他问题需要谨慎处理。

但趋势便是如此，一切都只是时间问题。

至于有一些朋友提到印度，即便不提这个国家文化、教育之中存在的严重阻碍商业发展的问题，印度短时间内也没有非常良好的发展前景。经济大跃进的机会非常稀少，它往往依赖于大规模的国际间产业转移。日本、韩国、新加坡、中国香港、中国台湾地区，都有赖于美国的产业转移。而中国大陆的快速发展，又有赖于来自这些国家、地区以及欧美的产业转移。那么印度所需要的产业转移在哪里呢？那些产业还在中国。而由于领土纠纷和印度洋的战略地位，印度是不太可能对中国放心的。那么，就算我们不谈印度不利于外国投资的法律，印度针对中国的这一态度，也使其在承接中国产业转移时充满了戒备和猜疑，相对于东南亚（甚至非洲）而言居于天然不利地位。在对印大规模产业转移发生之前，我不认为印度能够对中国乃至任何发达国家造成很大的经济威胁。

对比中美技术导向型公司

我在网上常常看到大家争论一个问题：为什么中国无法成就类似谷歌和微软那样的技术导向型公司？

实际上很难说哪家公司是技术导向型公司。技术导向型公司往往是说这样一类公司：他们手握高新技术，寻找合适的应用市场，同时还不断提高技术水平，并不断寻找新的应用领域。这在高校教师创业做的公司之中很常见，但在大一些的企业里面就几乎没有了。

美国知名机器人公司"波士顿动力"，就是一家典型的技术导向型公司。这家公司不断投入巨资研发四足、双足机器人，技术水平很高。他们在研发这些技术的时候，并没有针对具体的市场需求，而是在技术被研发出来以后，再去看这个技术能够满足哪些市场需求。如果技术和一些市场需求是匹配的，他们再开发产品，把产品卖出去。

这种思路的风险通常都很高，因为技术导向型路线，在开始研发的时候并没有针对某一现有的或是潜在的市场需求。这意味着，这项技术未必能够满足任何有效的市场需求。使用了这种技术的产品，也就不大可能有很多人买单。就算这项技术能够满足一种市场需求，它也未必最适合这种市场需求，很难竞争得过专门为这种市场需求而开发的技术。其结果就是产品卖不出去，投入研发的成本最终全部变成亏损。亏损得多了，公司就会倒闭。

波士顿动力公司虽然投入了巨额研发资金，但迄今为止的产品仍然寥寥无几。虽然他们将一些机器人卖给了科研机构用于机器人研究，但销售数量极少，收入也极少，相对于研发成本来说实在是杯水车薪。该公司曾经把自己的四足机器人"大狗"的技术应用在一款专门为美国陆军专门打造的山地运输机器人上面，然而，美国陆军经过评估后，觉得这款机器人并不适合战争条件，于是没有采购。

波士顿动力曾因为其先进的技术而被谷歌收购，但谷歌很快就发现该公司的技术不具备商业化和盈利的潜力。谷歌敦促波士顿动力开发一些更适应市场需求的技术，但被后者拒绝。最后谷歌将波士顿动力卖给了日本的软银集团。软银集团目前着重投入机器人产业，还愿意继续养着波士顿动力。但如果该公司仍然找不到最适合的市场需求，那么其前途不免暗淡。

像谷歌、微软这类技术水平很高的企业，并不能说是技术导向型企业。这类大型公司，都属于市场导向型。市场导向型的公司，是从市场出发，寻找现有的或是潜在的需求，根据市场需求开发相应的技术或产品，然后把产品卖给有需求的客户。

当然，谷歌和微软作为大型企业，也会在内部鼓励技术探索——即便这种技术暂时还看不到商业化的希望。这是因为处在技术前沿的大型企业要维持自身优势，势必要去探索新的技术方向。只有如此，他们才能在其中任何一个技术方向出现商业化机会的时候抢占先机。这方面的研发投入只占他们总研发投入的一小部分，并不能因为这样的研发投入，就认为他们是技术导向型公司。

简而言之，技术导向与市场导向的区别在于，技术研发的方向是根据研发兴趣而定还是根据市场需求而定。

所以也不能说中国没有技术导向型的公司。一些从高校、研究所里出来的人员，手握着学术研究中产生出来的技术，创建了公司，试图将技术商业化。这样的公司之中有一些技术导向型企业。不过这类企业确实是不多，就算在发达国家也是极少数。其中能取得商业成功的，更是极其罕见。

但大部分问这样一个问题的国人，恐怕问的都不是"为何中国缺少技术导向型公司"，而是"为何中国缺少技术能力强大、能够在一个领域引领技术革新的公司"。我们暂且把后面这种企业称为"技术型企业"。

谷歌也好，微软也好，都不是平坦草原上突兀地长出来的一棵树，而是群山之中最高的那几座山峰。

要问为什么没有谷歌和微软，先要问为什么没有一大群没那么厉害的技术型企业。就算美国没有谷歌和微软，结果也只会是美国历史上某些技术型的"落败者"站出来顶替他们的位置。

中国缺少技术型企业，说白了，就是因为中国以前技术基础太差。过去不只是技术水平差，技术人员的数量也差得远。资本自然而然选择了更容易赚钱的方向。

首先，资本主义的核心逻辑是要赚钱，要资本增值。资本会很自然地选择增值速度最快的路径。其他的路径会因为发展太慢而被淘汰或者地位下降。

一个领域的中国企业，只有在吃透了现有的技术之后，才能谈得上技术创新，才能成为技术型企业。而在中国企业研究欧美现有技术的时候，欧美企业又继续向前发展了。所以这种追赶并没有看上去那么容易，不是说花费几年时间达到欧美企业如今的技术水平，就能和欧美企业平起平坐。这种追赶需要大量的时间和资本投入，这是当年绝大多数中国企业无法承担的。相反，把这些资本用来购买技术，用来拓展市场，对于当年绝大多数中国企业来说，是更容易成功的路径。

其实仅仅在十多年以前，在2005年的时候，联想收购IBM的个人电脑业务，当时被认为非常勉强，同时也非常了不起。这一跃让联想的市场份额变得空前巨大。即便在今天，主要依靠购买技术来实现产品升级的美的，仍然能够和主要依靠自主研发的格力平分秋色。这正说明，到今天为止，我国的经济发展阶段还没有完全达到比拼技术的高度。

实际上，技术型公司不是那么好做的。技术探索需要大量的试错，具有高度的不确定性。铱星计划的失败，直接断送了技术型巨头摩托罗拉的前途。如果能够通过风险更低的方式来赚取相同的收入，那么资本显然是不会拒绝的。往往只有在低水平重复已经不再是一个可选项的时候，主流资本才会开始投入到技术革新之中。

所以，对于仅仅数年之前的中国企业来说，技术型道路不见得是一条好的路径。

另外，过去中国的人才也不能支撑中国企业很早就转向技术道路。

二十世纪九十年代，家电业巨头"美的"初生的时候，它的大部分核心技术人员连大学本科都没上过。那时候的中国企业能有中专水平的技术团队就已经不错了。国内一流企业做研发，也只能山寨一下外国成熟产品。大部分企业顶多能山寨别人山寨出来的产品。

华为当年是靠着技术变革期超高的毛利润率，以及创始团队卓越的眼光，投入了同期中国企业难以想象的高昂研发成本，汇集了几乎是中国最豪华的商业技术研发团队，才成就了自身的技术成功。当年华为不但网罗了大量的顶尖高校的毕业生，甚至把一些高校老师也挖过来做技术工作。靠着如此巨大的技术投入，才能维持创新，挑战欧美巨头。同期其他中国企业很难具备相同的条件。光是把发达国家低端产品山寨一下，就已经让当年的主流中国企业的工程师们耗尽心思了，哪还有能力去挑战尖端科技？

由于中国过去人才匮乏，以及人才水准不高，一般企业要构建强有力的技术研发团队是非常困难的事情。技术型企业的道路，对于过去的中国企业家来说从一开始就是不可行的。

这种局面无疑导致了路径依赖。

到了今天，许多中国企业家仍然不知道如何构建研发团队，甚至仍然不重视研发。他们不知道一个技术产品需要什么样的技术团队才能做出来。而且他们还习惯性地缺乏技术想象力，只能到市场上去到处看，寻找自己能山寨的产品。这就导致了中国市场上有这样一大群企业，他们看到一个东西好卖，就一窝蜂地冲上去山寨，然后竞相压价，最后也没几个赚到钱，反而可能自己把自己搞死了。如果他们真的拥有自己的研发能力，早就能够建立自己的技术路线，安心发展自己的产品了，而不是盲目地看到什么热门就冲上去山寨什么了。

但是这些毕竟都在改变。新一代企业家在崛起。他们在新的技术环境和人才环境下成长起来，懂得如何构建研发团队，在技术上也具有全球视野。所以近些年来，中国的技术型企业，尤其是技术型创业公司越来越多。在机器人、AI等新兴领域，这些新兴的技术型企业并不亚于其欧美竞争对手。他们能真正做到在技术最前沿与外国的竞争对手正面交锋。这些新兴技术企业站稳脚跟之后，必然会鼓励更多新一代中国企业家往技术型企业方向发展。

同时，由于信息流通越来越通畅，市场环境改善以及管理、金融等知识的普及，做一个单纯的贸易型或生产型企业的门槛越来越低，同质竞争越来越剧烈。不重视技术，也是越来越难了。这也在驱赶企业家向技术型路线转变。所以，我们应该会在未来十年中看到我国出现很多技术型的新兴巨头。

考虑到这一前景，我国目前的商业环境还有一些需要提升的地方。其中最核心的是加强对知识产权的保护。我国过去对知识产权保护不足。

一家企业如果投入了重金进行研发，但是成果却被其他公司抄袭，那就可能无法收回研发成本。而抄了研发成果的公司却不劳而获。这样的商业环境会打击企业的研发积极性，而鼓励山寨抄袭，显然不利于我国企业向技术型企业转型。

过去，加强知识产权保护的压力主要来自欧美发达国家，以后我国内部要求加强知识产权保护的呼声也会越来越强烈。可以预见，知识产权方面的法律很快就会有重大的变革。

中国制造业的未来

规模世界第一的工程师和产业工人群体，便捷的海陆空物流，完善的产业链条。说中国制造业没救了，那谁还有救？

国际上能够和中国制造业相提并论的，只有德、日、美三国而已。其中德国人口太少，能够覆盖的行业领域太少，守成很容易，但难以拓展。美国还暂时处于制造业的低谷，没有新的大规模的高科技制造业出现，要回过头来试图用贸易战和关税壁垒来维护正在退出美国的旧制造业。日本的社会文化相当不利于新企业、新产业的生成与发展，错过了互联网、移动互联网等几次产业热潮，在与美国的芯片业竞争上也节节败退，连工业4.0这种制造业新概念，也被德国人抢了先。

所以，世界制造业的领头羊们，谁家还没点问题呢？中国制造业存在一些问题，也属正常。

中国制造业有问题吗？当然有。中国制造业要完蛋吗？当然不是。但是，为什么很多人觉得中国制造业不行了？

看看网上相关新闻、提问下面的回复，就会发现有很多人在诉苦、抱怨。他们的抱怨主要是围绕两个问题。

第一，炒房更赚钱。

说白了，炒房比制造业更赚钱是个阶段性的问题。炒房窗口期也就十几年。这个窗口期基本上要收尾了。如果经济大局不发生变化，一线城市房市，顶多再有一轮涨情。政府的路线已经明显向公租房方向严重倾斜了。二、三线城市很快也会跟进。炒房的收益率将急剧下降，而制造业则是持续数百年的赚钱生意。

第二，制造业不赚钱，制造业苦。

有一说就是，查环保啦，厂子要倒，房租涨了，厂子要倒，税务查得严，厂子要倒。说白了，不是制造业不赚钱，是你的厂子不赚钱。

如今在各个地方，你都会发现一些干了快十年，甚至十几年的小厂子。这些厂子，并没有什么绝活，每天活得紧巴巴，感觉天亮忙到天黑也赚不到什么钱，就靠着偷税漏税才能活下来。我也碰到过这样的供货商。结果呢？被坑得一塌糊涂。于是我终于悟出来一个道理：中国经济高速发展了这么多年，如果一个厂子干了许多年还是个小厂子，那么这个厂子肯定存在某种致命缺陷。

这类场子偷工减料、虚标参数都是司空见惯的。通常，不管是其他方面有什么缺陷，它的管理一定有严重的问题。质检流程要么没有，要么形同虚设。工厂薪资太抠门，留不住技术人员和有水平的管理者。老板"自学成才"，对生产管理一窍不通，整个工厂一片混乱。

中国现在有无数这样的工厂，它们内部管理混乱，以至于在库存过剩、原料报废、产品不合格退货、客户索赔上面浪费了大量的资金，最终导致利润微薄。

而且，中国过去的粗放式的工厂经营模式，都是这样一个套路：攒钱买机器，用机器加工原料来赚钱，赚了钱再买机器。买的机器越高级，能做的产品就越高级。

这种"买机器搞加工"的模式在过去是有效的，但是你能买，难道别人不能买吗？所以一旦一个产品做出来了，所有人忽然就都会做了。一个产业一出来，大家一窝蜂都冲上去。大家都没有什么技术积累，没有什么研发能力。很多工厂老板根本就不知道该怎么搞研发，怎么搞市场调查。他们的市场调查就是看别人在做什么，他们的研发就是把别人的东西拆开看看是怎么做的，自己再想办法做个山寨版。

其结果，就是中华大地上有无数的同质化的工厂，大家没别的可以竞争的，只有价格。

为了在价格上有优势，大家竞相压低各种成本，其中就包括员工工资。所以制造业中大部分企业，从来都给不出高工资，也吸引不到好的人才。

吸引不到好人才—搞不了研发、提高不了管理水平—没有独门功夫—不得不参与同质化竞争—利润微薄—付不起高工资—吸引不到好人才。

这就是中国制造业中大部分厂子的死亡循环。处在这种死亡循环中的厂子，一旦遇到一点风吹草动（比如环保标准加严），就伤筋动骨，乃至关门大吉。

处在死亡循环中的工厂的从业者，当然会大呼中国制造业要完蛋。因为他们根本看不到摆脱这种死亡循环的可能性。说老实话，这种工厂未来都是要被淘汰的。

以我不多的见闻，我发现有些工厂能够摆脱这种循环，都是因为老板的子女学成归来，拥有更好的视野和管理技巧，花费了巨大的精力把工厂的管理水平提高，甚至搞出一些独创的技术。这才让工厂逐步摆脱同质化竞争。

想要了解中国很多工厂的管理水平有多低，可以看看《欧博工厂案例》这套书。这是南方一家工厂管理咨询企业做的很多的咨询案例。其中提到的这些企业，在各自的行业内已经算是小有名气，不能算是失败企业了，很多也并不在死亡循环之中。书中提到的那些企业所犯下的一些错误，低级到令人觉得可怕。你可以想象，还有海量的企业比这些企业更差。那些更差的企业的管理水平，简直差到不堪入目。

但是过去几十年，中国的企业就是这么过来的。市场急剧扩大，不管你差到什么程度，都有口饭吃。

互联网这些年有个说法是"进入了下半场"，是说人们上网的时间已经饱和了，以后各个互联网企业都不能再粗放式发展了，而要精耕细作。

其实中国制造业已经进入"下半场"好几年了，粗放式发展已经不灵了。同质化竞争太过严重，买些设备随随便便搞生产，已经不是成功之路了。未来中国国内市场的竞争，越来越讲求技术领先，越来越讲求管理卓越。这就是政府提出供给侧改革的背景。但是很多制造业从业人员还没有意识到。还以为过去的路就是正道，走不通就说是国家、社会有问题，就是中国制造业要完蛋。

不不，这些人搞错了，不是中国制造业要完蛋，是他们的低水平的厂子要完蛋而已。

我以前为一种物料寻找供货商。这种物料本身没有什么技术含量。我们找到的一家供货商，价格比另一家供应商便宜一半以上。当年我们不熟悉这个领域，也还没有建立供应商审核体系，以为贵的那家供应商坐地起价，就用了这家便宜的。

结果呢，这么简单的产品却出各种幺蛾子，我们的品质人员和采购人员花在处理来料残次品上面的时间成本比订货的货款还高。最后我们老老实实回来签了贵的那家供应商。

虽说不同定位的厂子都有不同的生存空间，但这两家厂子的发展前景孰好孰坏，倒是不难预见。

未来的中国制造业，靠的是那些能够建立技术优势和管理优势的企业。他们能够通过自己的特有优势，获取更高的毛利润率，从而能够支持更高的薪资成本，吸收优秀的人才。他们因此才能够摆脱同质化竞争的死亡循环。

有人说中国制造业还是要完蛋，因为吸引不到年轻人。可是一个产业靠什么吸引年轻人啊？靠报酬啊。你能付得起多高的工资、多高的福利，你就能吸引到多优秀的年轻人。处在死亡循环里的工厂，当然吸引不到好的新员工。但是这不代表制造业不能吸引好的员工。新一代工厂大多有自己的独特优势，毛利率高，自然可以花更多的钱来招收更好的员工。

对于创建于二十世纪末二十一世纪初的企业而言，有很多企业的创始人已经接近暮年，不少企业将在未来十年中面临终结、出售或者重组的命运。

未来十年，乃至二十年中，中国制造业会面临一大波更新换代，制造业的水平将随着工厂的新旧交替而发生质的飞跃。

同时，随着一些新兴行业暴利期逐渐走向终结，资本力量也会越来越多地切入到制造业中来。他们会购买一些市场地位良好，但技术或管理方面有缺陷的传统企业，然后把这些企业重组，安插强有力的领导层，提高企业水平。在经营一段时间后，这些企业可能会上市或者出售给其他企业，从而让投资基金实现变现退出。

除了参与产品研发之外，对于个人而言，到先进工厂中去，全面学习和实践先进工厂管理方法，也是助力制造业升级的一个好的选择。

只有伟大的国家才能建立伟大的基础设施体系

有人提到一个问题：印度经济为何跳过轻、重工业的发展阶段，直接进入了软件业这种高大上行业？因为，相比于大规模制造业，软件业对于其他社会领域的要求更低。

从基础设施角度来说，只要把网络、电力解决，软件业就足以生存发展了。所以一个地方可以独善其身，其他地方的发展再好、再坏对其影响不大。

而现代制造业，则是一个体系。不但有电力方面的要求，还有道路、桥梁、铁路、货运码头、集装箱装载等一系列的需求。这是绵延数万千米的、不断磨损、不断需要维护的经济大动脉。所有这些基础设施的建设，不但需要政府投入天文数字的资金，还需要有强大的执行能力和成体系的维护能力。中国当年在非洲建了一条坦赞铁路，当地人维护得并不好，铁路时速慢不说，还常常出轨。大幅度晚点简直是家常便饭。这还只是不到 2000 千米长的铁路。而数万公里的铁路，保持高速、安全、高密度地运行，所需要的组织能力、执行能力，绝不是随随便便就能得到的。所以，基础设施不是只靠砸钱就行了。没有相应的组织能力，就算别人赠送的基础设施，也照样运营不好。所以我们可以这么说，只有伟大的国家才能建立伟大的基础设施体系。

印度没有好的基础设施，原材料运输、零件运输、产品运输全都不通畅，就没有办法建立稳定高效的供应链。自然没有能力建立现代化的工业体系。

再者，制造业岗位的差异比软件业要大。一个 C++ 的程序员，转行到 Java，并不是多大的难事。一个做前端的，转行做后台，基础也还是有的。但一个车工转行去做铸造，这就相当于砍掉重练了。因此，制造业所需要的员工没有办法通过一种统一的培训方式来获得。各个细分工种都需要有自己的培训体系。从这个角度讲，制造业领域中教育的复杂度其实比软件业更高。

此外，制造业所需要的劳动力远远高于软件业。不要看美国现在制造业衰落了，而软件业兴旺发达，美国制造业从业人数仍然超过 1200 万，而软件业则不足 400 万。这意味着，制造业不可避免地要雇用大量的只接受过基础教育的人群。这对整个国家的基础教育水平提出了极大的挑战。制造业中，对底层员工的激励，不但有金钱激励，还有升职激励。但是底层员工升职常常与种姓文化相互抵触。印度工人、工程师、管理层都是泾渭分明。相对而言，软件业由于是新型产业，在传统文化中没有涉及（种姓文化限定了各种姓应该从事的工作），所以自然软件业受传统种姓文化影响较小。而且软件业从业人员平均学历较高，总体也相对开明。这些都是印度制造业相对于软件业的劣势。

最后，印度的劳工法规对企业限制得太死，显然也不利于制造业的发展。

所以说，制造不是你想搞就能搞……

如何看待 TPP 对中国社会的影响

一听 TPP 要实现，就觉得中国经济要完蛋，然后还推演什么 TPP 促进推广民主什么的，这也真是太天真了。

当然，我也不是什么专业人士，我就这么一说，大家就这么一听。有什么疏漏还望大家指出。

根据估计，TPP12 国方案对中国 2025 年经济影响是……-0.14%，如果觉得中国经济增长速度调整-0.14% 就会怎么怎么样，我只能说实在是想多了。

当然，如果按照包含了中国的 TPP17 国方案，中国经济倒是会有显著的额外增长。

所以更多地来说，如果中国能加入这个圈子，会有额外的增长，但如果中国不进去，损害是极其有限的。

不过我们还是退一步来说，为什么要搞 TPP。

首先我们应该明白，自由贸易，能够使得市场效率向更高的方向发展。

每个国家的禀赋不同，生产各种货物的效率也不同。原则上，拿本国擅长生产的货物，去换对方擅长生产的货物，无疑能够让总体效益提高。

假如说 A 国每 100 块钱投入能够生产 10 个甲类货物或 100 个乙类货物，而 B 国是 20 个甲类货物或 80 个乙类货物。很显然，此时 A 国全力生产乙类货物，而 B 国全力生产甲类货物所产生的总效益最高。现在 A 国拿自己生产的 50 个乙货物去换 B 国生产的 10 个甲货物，两边每单位投入就各有能获得 10 个甲类货物和 50 个乙类货物，都超过了单纯自己的生产所得。

那么即便是一国各方面比另一国都强，自由贸易也是有益的。这就是"比较优势"原理。比如 A 国每 100 块钱投入能生产 10 个甲类货物和 70 个乙类货物，而 B 国是 20 个甲类货物或 80 个乙类货物。看起来似乎 B 国没必要从 A 国进口，因为所有的东西都是自己生产效率最高。但实际上一国的投入是有限的，不妨认为两国就只有 100 块钱的投入。如果 B 国全部自己生产，而且平均分配，则可以得到 10 个甲类货物和 40 个乙类货物。但是我们注意到，A 国的甲、乙货物生产效率比是 7:1，B 国是 4:1。假如 B 国全力生产甲货物（也就是生产了 20 个），然后拿出 9 个按 1:6 的比例去换取 A 国的 54

个乙货物，那么结果就是 B 国得到了 11 个甲货物和 54 个乙货物，而 A 国（假定全力生产乙货物，获得 70 个）则获得了 9 个甲货物和 16 个乙货物，仍然超过了他们自己独立生产的效益。

假如有关税，上面这种交换就会出现问题。上面这个例子里面，当 B 国从 A 国进口乙货物时，如果总成本达到了本国生产甲货物的 1/4，B 国就不会进口了。因为这和本国生产的成本差不多了。而我们知道 A 国生产的时候，乙货物的生产成本是甲货物的 1/7，它何以出口到 B 国的时候就会上升到 1/4 呢？这可能是由于运费、金融等，但一个极为关键的人为因素就是关税，在此之外也有其他的一系列贸易壁垒（比方说政府控制的影视业可以拒绝进口外国影片）。这些壁垒使得资源和货物不能在全球自由流动，降低了全球经济的发展水平。

当然，这些都是极为简化的论述，比方说以上就没有考虑需求对进出口的影响。但总体来说，自由贸易能够促进全球经济发展。

这也就是为什么地方保护主义不可取的原因。

但是，自由贸易不是没有代价的。这里面有很多大大小小的问题，这里仅举几例。

第一，是劳动力的流动。

各国都是从一个相对孤立的系统发展起来的。各个国家内部都有很多不同行业的企业和劳动力。自由贸易要实现，就要淘汰这些国家相对效率较低的产业，而把资源集中到相对效率较高的产业。然而，物质资源容易转移，人力资源可未必。日本农业效率低，电子业效率高，但没有一代人的全力转型，日本怎么可能把农业劳动力转移到电子业上面呢？劳动力在产业之间迁移，是非常困难的事情，这牵扯到教育改革、人口迁徙、基础设施建设等一系列长周期和大投入的工作。有时候这甚至是极度痛苦的。

而要被淘汰的产业，其政治能量未必就小。心理学上大概有这么一个规律，那就是人对于一单位损失的重视，差不多等价于对于两单位收益的重视程度。换言之，因自由贸易受益的产业只有在收益大大超过受损产业的损失时，这两者在政治上的行动力可能才会达到类似的水平。所以即便实施自由贸易是一个卡尔多－希克斯改进（亦即有人受损，也有人受益，但总体收益大于损失），也并不是一个容易推进的改革。因此，就算政治家们达成了一致，能不能得到各国国会的认可，也是未知之数。

第二，是国家安全。

国内生产，并不仅仅和贸易、消费有关，还和国家安全有关。

比方说日本，尽管粮食自给率惨不忍睹，农业效率低下，但你真要让日本放弃它仅有的农业，它愿意吗？万一某一年全球农业重要产地遭遇大规模自然灾害导致大规模减产，全球粮价飙升，怎么办？而且日本已经算好的了，还有美国提供安全保障，那些没有这种条件的国家，又该如何面对爆发战争并受到贸易封锁的可能？

在一些情况下，某些产业的生产效率，并不见得是唯一的要素，甚至未必是最重要的要素。

第三，是产业发展。

对于一个国家来说，要培育自己的新产业，往往非常困难。要想加快发展，往往需要某种形式的政府补贴。比如减免税收、低息或无息贷款、政府担保的以租代售、项目补贴等。这种公共资金用出去，当然希望肥水不流外人田，毕竟是本国人民提供的税金。但是自由贸易却要求一视同仁，不能区别对待。这对本国产业的培育，显然是不利的。

再者，国际资源的更优配置，并不意味着任何一国一定能从中受益，这个问题我们在后面着重讨论。

那么我们再来谈谈自由贸易对中国的利弊。

首先，中国的很多产品，毋庸置疑具有绝对的国际竞争力。在平等竞争下，其他国家基本不能够匹敌。因此，在大部分项目上减少关税，对中国的经济发展有利。

但是，中国一样存在巨大的劳动力错配问题，而且这种问题并不是一代人就能解决的。中国仍然有广大的农业人口还在向城市转移。在这个过程中，中国必须保证这些人不失业。因此，中国为农业供给了高额补贴，还利用进口配额、进口关税来控制外国粮食的涌入。在农业问题上，中国大概在20年以内是不可能松口的。因为一旦外国廉价粮食不受限制地涌入，同时中国政府受限于自由贸易条约而不能提供高额补贴，就将导致中国的农业受到恐怖的冲击，使得绝大多数农业人口在极短的时间内失业或归于赤贫。这将对经济和社会稳定造成极大的威胁。我们不妨设想一下，一国瞬间达到 30% ~ 50% 的失业率是什么情况。

而中国的产业还在高速发展。一定的补贴和保护，往往可以争取到足够的时间让中国过去孱弱的产业转型建立起国际竞争力。从成本收益的对比来看，要中国放弃保护是不太现实的。很多时候，只需要保护五年、十年，中国就能树立一个新的具备国际竞争力的产业。

再来谈谈 TPP 的影响。

TPP 有两重内涵。

第一，TPP 是自由贸易大趋势的延续。

第二，TPP 是美国控制下的国际贸易新秩序的体现。

这两个问题要分开来讲。

作为自由贸易新发展的 TPP，WTO 及其前身 GATT 可以说是第一个全球规模的自由贸易框架。它改变了过去支离破碎的国际市场，将整个世界的市场逐步联合起来。

但是，由于 WTO 之中，各国的利益取向不一，进一步的自由贸易改革多年未能取得任何实质性进展。多哈回合谈判多年来谈而不决就是明证。

发达国家希望有更大尺度的自由贸易，但发展中国家则期盼保留较多的保护。每个国家希望得到保护的东西不一样，希望别国开放的领域也不一样，谈来谈去，也谈不出结果。

在这种条件下，利用 WTO 这样一个平台来推进自由贸易，已然成为不可能的任务。

那么自然地，对自由贸易非常重视的发达国家，就会利用自身的市场为诱饵，重新建立"下一代WTO"，然后通过准入机制来强迫其他国家就犯。TPP和TTIP都是这种策略的产物。

说白了就是，既然你们（大多数发展中国家）都不愿意按照我们（发达国家）的规则来办，那我们就先自己组织一个框架，只有符合这个框架的，才能以较低关税进入我们的市场。由于全世界的主要消费市场都在发达国家，如此一来，就可倒逼发展中国家服从发达国家制定的规则。

因此，TPP是自由贸易的一种新发展。

但如果仅仅只是看到了TPP作为自由贸易新发展这一层，未免就肤浅了。

自由贸易本身虽然披着"全球效率最大化"的外皮，但并不是一个天然正确的事物。

自由贸易，一方面使得资本、货物能够在国际自由流动，另一方面却对人口的流动并不关心。

一个国家之内，之所以可以严格拒绝地方保护主义，其中一个重要的原因是，人口可以自由地流动。资源自由配置时，其经济发展所带来的红利，即便在地理上分布不均衡，也可以借由人口的流动来惠及更多的人。然而，国与国之间这种人口的流动，就非常困难了。

我们举个简单的例子。假如说，现在中国研发出了核聚变技术，然后把核聚变电厂放在了华东，那么华北和西北的一些煤炭重镇可能会迅速衰落。但这些煤炭重镇的人口，可以逐步转移到受到核聚变电力产业刺激的华东地区。

但如果国际自由贸易的结果是在全球收益提高的同时美国受益而中国受损，那么很遗憾，中国人口不能够逐步转移到美国去分享这种收益，只有很少很少的一部分人能够做到这一点。

那么在这样一种条件下，一国并不会天然地接受自由贸易。

我们必须想清楚的是，究竟一个贸易规则会给我们带来什么。

一个国家总是会倾向于将对自己有利的贸易规则组成一个体系，加以推行。但并不是每个国家都有这个实力。真正有这个实力的国家，必须拥有超大的国内市场和强劲的资本实力。如此才能以国内市场为诱饵，迫使其他国家就范，而同时保证自己能够控制整个体系。这个世界上，这样的国家原本只有一个，那就是美国，但如今事情正在发生变化。

奥巴马其实说得很直白了，如果美国不去塑造国际贸易规则，那么中国就要塑造贸易规则。

我们不由得要问，美国要塑造的规则是什么规则？中国要塑造的规则又是什么规则？

要理解这两个相互关联的问题，就要看两国的经济利益都在哪里。

谈论自由贸易，千万不要忘记一点——发达国家和发展中国家并不是"自然禀赋不同"的平等的个体。它们是国际贸易食物链上面不同等级的生物。

资本主义之所以叫作资本主义，是因为生产活动都是围绕资本展开的。资本，是资本主义的核心要素。谁掌握了这个核心要素，谁就占据了食物链的更高的层级。

发达国家的资本极其强大。它们不需要本国政府的大力支持，就能在国际市场上攻城掠地。发达国家的一个并不占据压倒性份额的金融集团，就具备（仅仅为了盈利而）从金融上颠覆中小国家的能力。

他们所需要的，就是让各国放开管制，容许他们自由发挥。他们所惧怕的，是各国政府以国家暴力为后盾的经济政策，以及以国家税收为后盾的国有企业。发展中国家的资本势力在发达国家的资本势力面前是虚弱无力的。即便是在同类产品上，发达国家的实业企业暂时处于下风，他们也可以通过简单的收购重新占据压倒性优势。像中国这样，以发展中国家的身份，在发达国家面前居然还能算得上一合之敌的，可谓绝无仅有。

那么TPP要做的是什么呢？恰恰就是削弱乃至消灭国有企业，恰恰就是禁绝国家政策对跨国财团的打击。它不但在一般规则上保证这一点，而且史无前例地授予了财团在TPP仲裁机构（将设在纽约）起诉外国政府的权利。

因此，大家可以明白，发达国家所力推的自由贸易，其实只是符合本国经济发展的尤其是大财团经济发展的一种国际贸易框架。

尽管自由贸易会带来效率的上升，但这种简单的论调并没有告诉我们资本的流动情况。当发达国家资本势力能够不受外国政府政策和国有企业掣肘而统治外国部分或全部经济领域时，他们就控制了资本的积累。这意味着，发达国家的这些资本势力可以利用这些在发展中国家积累的资本继续扩张、继续研发，从而在规模上不断提升，在产业上不断升级。而发展中国家则只能听从发达国家的资本势力的安排。只有当发达国家人力成本实在太高时，才能承接产业转移。

发展中国家想要依赖政府力量或关税保护来夺取产业链上面更高阶的环节，那就纽约仲裁所见咯。不放弃的话，小心被制裁哦。

正所谓"朕给你的才是你的，朕不给，你不能抢！"

换言之，欧美所主导的这种自由贸易新秩序，将会使国际贸易体系中呈现一种相对稳固的等级体系。发达国家永远是发达国家，发展中国家永远是发展中国家。也许听话的发展中国家能够被提升到比其他发展中国家更有利的位置。但是打工仔想靠着在一家工厂里苦干从而有朝一日和这家工厂的老板平起平坐，门儿都没有，慢慢给老板打一辈子工吧。

这才是 TPP 的深层内涵。

那么 TPP 之于中国，究竟意味着什么？

第一点，毫无疑问地，这是要强力遏制中国之前用以对抗发达国家资本力量的诸多手段。这里面有的是通行的做法，有的是中国独创。

——市场换技术

——外资准入

——强制合资

——合资比例上限

——开放领域白名单

——国有企业

——针对特定新生产业的补贴和变相补贴

…………

时常有人批评说这里面这个没用或者那个没用，但实际上，从 TPP 的规则就可以看出，这里面每一条都让发达国家财团恨得牙痒痒。

中国几十年的发展，在一步步颠覆发达国家资本实力对世界市场的控制能力。这种颠覆，不但带来了中国自身的高速发展，还带来了中国资本势力的迅速崛起。虽说资本没有国界，各国资本家往往一家亲，但在国际市场上相互竞争的时候，偶尔也是要彼此打出脑浆来的。

TPP 的规则设定，绝不仅仅是"俺们不能让中国再这么胡整下去了"，而更重要的是"要是各国都有样学样怎么办"？

TPP 里面有一条所谓的纱线条款，也就是只有从纺纱开始就全程在 TPP 会员国之中生产的纺织品，才适用 TPP 的免税。原本利用转口贸易规避进口配额制度和关税制度的做法将会失效。这会导致以向 TPP 会员国出口（主要是向美国出口）为目标的企业逐步转移到 TPP 会员国之中。

就算中国的纺织业被 TPP 的纱线条款打压下去了，欧美的纺织业也不可能复兴。不要指望美国用什么工业机器人、互联网技术和页岩油就能实现制造业的回归或者再工业化。那是没有丝毫可能性的事情。美国的制造业已经日渐式微。美国面对的只是"从中国进口还是从越南进口"的选择而已。美国搞出纱线条款这种完全违背自由贸易准则的东西，无非就是要逼迫发展中国家就范，进入到他的贸易规则里面来。

对于中国来说，TPP 规则简直是要打断中国的一条腿，要中国放弃一直以来赖以与外国资本实力对抗的工具，但问题是，中国本身就不大可能现在就加入到这个体系里面去。推行美国需要的国际贸易秩序才是美国主要的着眼点。

当然，TPP 并不完全是一件坏事，甚至来说，我们并不排除中国有一天会很高兴地加入这个体系。这个问题我们最后再讲。

同时，TPP 也是要用美国市场的关税来促使中国制造业向 TPP 会员国之中的更不发达国家转移。（转移到美国是没什么可能性的）

由于大部分产业的进口关税已然不高，而中国也在和各国签订自由贸易协定，并推进区域全面经济伙伴关系（RCEP），所以 TPP 对中国的负面影响并不是很大。有些人一惊一乍，看到 TPP 就觉得中国经济不行了，实在是没有看到全局。TPP 本身不是一个排他协议，签了 TPP 不代表相关国家不能和中国自由贸易。它显然不是一个为了围剿中国而制定的规则体系。对于 TPP 各个成员国，中国不是第一大贸易伙伴就是第二大贸易伙伴。美国真要搞站队，TPP 这几个国家里面可能至少有 1/3 都不会签。

所以，虽然 TPP 是美国应对中国经济挑战、重振经济的一个手段，但与其说 TPP 是为了围剿中国或者遏制中国，不如说是为了推行美国的贸易规则体系，从而方便其企业发展。

那么中国想要的贸易规则，又会是什么规则？

我们还是要回到中国的利益需要来进行考量。

中国需要的是什么？是卖产品。

中国的资本力量虽然已经逐步崛起，但是在国境之外纯粹的资本运作还是相对较少。中国对外国的金融、服务等发达国家重视的行业，其实兴趣并不大，毕竟暂时没有那个实力去进入。

因此，中国最重视的，仍然是产品的出口。一带一路，很大程度上就是为中国的产品寻找市场。

中国产品出口，对于自由贸易的要求远比美国要低。中国的产品，很多时候只是在和发达国家的同类产品竞争，甚至是没有竞争对手。

因此，中国的首要问题并不是"你再多开放一点，方便我出口"或"别补贴你那些没用的企业了，来买我的吧"，而是"那边买不起我的产品了怎么办"和"我怎么把（发达国家能做的）更高级的产品做出来"。

那么在对外的问题上，中国需要想的，一方面是如何降低外国关税和其他壁垒——这就靠 FTA 和 RCEP，另一方面就是怎么让这些穷哥们富一点，多买点东西。

怎么让穷哥们富起来，当然是开发他们的资源。毕竟中国的经济发展还没有走到能够大规模向外迁移产业、实施雁行模式的高度。要开发资源，就需要修路、电站、水坝、港口……，培训医生、教师、官员……然后在这个过程中，中国还可以赚一笔。帮助这些国家开发出来的矿产和农业资源，又可以反过来帮助中国稳定（甚至降低）原材料供应价格。从各种角度来说，都有赚头。

但是我们会注意到，在整个方案里面，中国不太需要超出WTO要求的市场准入，也不需要强迫这些国家开放那些关系到国家命脉的金融领域。

到最后，中国需要的规则是什么呢？是货物运输、过境的便利，是基础设施建设中劳务输出的便利，是鼓励以政府为主导的基础设施建设和资源开发，是要方便外国政府掌控资源出口从而清偿中国给予的基础设施贷款，等等。这意味着建立国有的矿产公司或将矿产授权给中国企业，意味着需要有国家掌控的基础设施体系。

我们会注意到，与美国主导的体系相反，中国的体系，至少在目前这个阶段，更加强调政府在经济发展中的作用。既然大量的基础设施建设和资源开发需要与外国政府密切合作，那么可想而知，中国的规则体系对于政府职能是一个什么态度。而这个态度，恰恰与美国的体系是不兼容的。

所以，当奥巴马说"If we don't write the rules, China will

write the rules in that region"的时候,他并不是简单地危言耸听,其中的确有几分真实的成分。

但是,中国一定不会加入 TPP？这还真是未必。

首先来说比较正面的。和当初加入 WTO 一样,TPP 可以帮助中国倒逼环境、劳工和其他政府治理方面的改革。

而且,"一带一路"的发展模式是不是真的能成功？尽管很多人都持乐观态度,但总有失败的可能。成了,那政经两界当然都喜笑颜开。但万一走不通呢？中国是不是还要掉过头来？

就算没有这些波折,再过二三十年,中国资本力量持续崛起,依然有可能成为世界第一经济强国。有这个作为后盾,即便进入了 TPP,也不见得就当不了老板。中国目前用的这些让发达国家不爽的经济手段,以后并不见得仍然必要。而且中国的后面还有印度。按照现在的模式,中国人能抢美国人饭碗,印度人就能抢中国人的饭碗——就算是速度很慢。要是中美欧都支持 TPP 和 TTIP 之类,中国至少也是绝了后顾之忧了。

美国会拒绝吗？我看未必。大家出来混,最根本的还是来求财的。本来 TPP 就是为美国企业服务的,放着一个大市场在那里,谁都想再深入一点。

我对工匠精神的一点儿理解

没有工匠精神，只因没有需求。

工匠精神，绝大多数只是一种小众文化消费品而已。一旦遭遇社会大规模需求，所有工匠精神都会被工业化大生产吞噬。中国现在的消费水平还没有达到很多人愿意支付大额度溢价去享受附加的文化或心理价值的地步。

陀飞轮机械表好不好，真不好，走得一般没有石英表准。更多时候就是个足够精巧的玩物，它的文化价值远大于使用价值。你如果想要买个计时工具，几十块的电子表又轻又准。

很多所谓的工匠，就是在"螺蛳壳里做道场"，在一些实用价值已经远不如大工业流水线制品的东西上花费巨大的时间和精力，所产生的东西，更多的是玩物、装饰品、奢侈品，而不是日常用品。

还有一些工匠，他们制造的确实是必需品，但数量总是非常小，没有大规模工业制造的需要。

工匠精神的核心往往是"耐心，缓慢，坚持，少量"。

要让工匠能够耐心，就需要他们的工作能够为他们提供足够的收入，使他们能够耐下性子去做这些事情，而不是天天考虑是不是该开个车到大学门口卖袜子补贴家用。尤其是，最能钻研的工匠，本身也往往聪颖过人。在价格这根指挥棒之下，越是聪颖的人，就越容易流向高回报的行业。工匠所在的行业必须要有高回报才能留住精英工匠。

但是他们的产品是少量的。这意味着每一件都需要有巨大的溢价，这才能让自己获得巨大的纯利润。

但是如果一件产品，本身就能有巨大的溢价，那么很显然资本力量就会推动这种商品量产。然后这东西就变成了"庸俗"的工业品，进而大量的研发、包装、营销团队一股脑地涌进来，也就谈不上什么工匠精神了。比方说吧，同样是一瓶老干妈，如果老干妈只在贵阳有个小门面，陶华碧带着三五个帮工，每瓶卖200块，每天只做100瓶。这是不是就比现在超市随时有货的几块钱一瓶的老干妈要凭空多出了几分"工匠精神"的情怀？

那么凭什么工匠能够守住自己的小众产品不被工业化吞噬？要么，这种产品的受众很小，即便批量生产或者降价也无法扩大多少受众；要么，这种产品本身带有极强的个人或文化属性，而消费者也主要是消费这种个人或文化属性，而不是产品本身。

中国目前也只有一只脚踏出了贫困的疆界。我们过去需要的主要是迅速惠及全民的大规模工业品，而不是缓慢、少量、小众的产品。所以自然，工匠精神并不彰显。中国航天、国防（尤其是核武器）方面倒是有很多符合"工匠精神"的工程师。只因需求量实在太小，目前没有专门做自动化设备的需要，而政府又愿意在航天、国防等领域支付足够的成本。随着经济发展，有越来越多的人愿意为一些带有个人或文化属性的东西支付高额溢价，那么自然就会有一批爱好者投身相关的产业，提供相应的产品。这就是一个简单的需求与供给的关系。

假如说工匠的小众需求忽然变成了大众需求，结局是什么样的呢？

苹果公司早年间为了生产 iPhone 的后背壳，专门到日本找了匠人来打磨。结果后来 iPhone 大受好评，销量节节攀升，手工打磨不再能满足生产要求了。于是，苹果公司委托中国的加工商从日本手工匠人那里学会打磨技术，然后投入大规模自动化生产。

所以，过去中国没有多少工匠精神实属正常。未来随着人民生活水平的提高，中国也必然会出现很多"工匠精神"。